KB179503

Nobel Prize

과학분야에서 일본 노벨상수상자가 많은 이유는 무엇일까 2023개정판

저자 비피기술거래 비피제이기술거래

\<제목 차례\>

1. 서론

1. 서론

많은 사람들이 어릴 적 위인전에서 읽었던 알프레드 노벨이라는 사람을 알고 있을 것이다. 다이너마이트를 발명한 위대한 발명가였던 노벨은 그가 죽기 전 위대한 사람들을 기리기 위한 상을 만들고 싶다고 했다.

그의 유언은 현실이 되어 오늘날 노벨상이 되었다. 노벨 재단은 물리학, 화학, 생리의학, 문학 등 그가 가장 사랑했던 분야에서 수상자를 선정했고, 노벨상은 동서양을 막론하고 세계에서 가장 독창적이고 탁월한 사람들에게 주는 가장 권위 있는 상이 되었다.

한국에서 사람들은 매 연말마다 매체를 통해 지구 반대편에서 일어나는 노벨상 수상 장면을 구경한다. 그러면서 노벨상 수상은 우리나라에겐 아주 먼 얘기라고 생각하는 경우가 많다. 실제로 우리나라 사람이 노벨상을 수상한 경우는 김대중 전 대통령의 노벨 평화상 뿐이었다.

그런데 이러한 결과는 참 아이러니한 면이 있다. 세계적인 과학저널 「네이처」에서 발표한 2016년 통계에 따르면 '한국의 국내총생산(GDP) 대비 연구개발(R&D) 투자 비중은 세계 1위'다. 또한 한국은 명실상부 세계에서 인정받는 IT강국중 하나이며, 동아시아에서 일본과 더불어 과학과 기술력에 있어서는 상위권에 속하는 국가 브랜드를 구축하고 있는 나라중 하나이다.

즉 우리나라의 과학은 기술수준이 높지만 독창적이지 못하다는 한계를 안고 있다. 본 보고서에서는 이러한 문제에 대해서 일본의 사례를 타산지석 삼아 접근하고자 한다. 일본의 노벨상 수상 사례들과 학계 구조 등 여러 환경적 요인을 분석해보고 우리가 나아가야할 방향을 제시해보고자 한다.

2. 노벨상이란 무엇인가?

2. 노벨상이란 무엇인가?

가. 노벨상과 역사[1]

노벨상(스웨덴어: Nobelpriset, 노르웨이어: Nobelprisen, 영어: Nobel Prize)은 다이너마이트의 발명가인 스웨덴의 알프레드 노벨이 1895년 작성한 유언에 따라 매년 인류의 문명 발달에 학문적으로 기여한 사람에게 주어지는 상이다. 1901년부터 노벨 물리학상, 노벨 화학상, 노벨 생리학·의학상, 노벨 문학상, 노벨 평화상이 수여되었다.

그림-3. 다이너마이트와 노벨상의
창시자인 노벨

다른 상들은 스웨덴의 스톡홀름에서 수여되는 반면, 노벨 평화상은 노르웨이의 오슬로에서 수여된다. 각 상은 모두 그 분야에서 매우 권위 있게 여겨진다.

---

1) 노벨상 - 위키백과

1968년, 스웨덴 중앙은행은 흔히 노벨 경제학상 이라고 불리는 알프레드 노벨을 기념하는 스웨덴 중앙은행 경제학상을 만들었으며, 이 상은 1969년에 처음 수여되었고 수상자 발표와 시상은 다른 노벨상과 같이 행해지고 있다.

그림-4. 노벨상 수상자에게 주어지는 메달

스웨덴 왕립 과학원이 노벨 물리학상과 노벨 화학상, 알프레드 노벨을 기념하는 스웨덴 중앙은행 경제학상의 수상자를 결정하며, 카로린스카 의과대학교 노벨총회에서 노벨 생리학·의학상의 수상자를 결정하고 있다. 스웨덴 아카데미에서는 노벨 문학상을 수여하며, 다른 상들과 달리 노벨 평화상은 스웨덴의 기구가 아닌 노르웨이 노벨 위원회에서 수여하고 있다.

노벨상 수상자는 금으로된 메달과 표창장, 그리고 노벨 재단의 당해 수익금에 따라 달라지는 상금을 받는다. 2011년 상금은 스웨덴 크로나로 1천만kr(약 145만$) 정도였다. 노벨상은 이미 사망한 사람에게는 수여되지 않지만, 수상자로 정해진 뒤 상을 받기 전에 사망한 사람은 그대로 수상자로 유지되고 있다.

노벨이 이 상을 제정한 이유는 확실히 밝혀지지 않았는데, 가장 그럴듯한 설명은 1888년에 노벨의 형이 사망했을 때 프랑스의 신문들이 그를 형과 혼동하면서 내보낸 "죽음의 상인, 사망하다"라는 제목의 지사를 본 뒤 충격을 받아 죽은 뒤의 오명을 피하기 위해 제정했다는 것이다.

분명한 사실은 노벨이 설립한 상이 물리학, 화학, 생리의학, 문학 분야에 대한 평생에 걸친 그의 관심을 반영하고 있다는 점이다. 평화상의 설립과 관련해서는 오스트리아 출신의 평화주의자 베르타 폰 주트너와의 교분이 강력한 동기로 작용했다는 설이 우세하다.

노벨의 사망 5주기인 1901년 12월 10일부터 상을 주기 시작했으며, 경제학상은 1968년 스웨덴 은행에 의해 추가 제정된 것으로 1969년부터 수여되었다. 알프레드 노벨은 유언장에서 스톡홀름에 있는 스웨덴 왕립과학원(물리학과 화학), 왕립 카롤린스카 연구소(생리의학), 스웨덴 아카데미(문학), 그리고 노르웨이 국회가 슬로의 노르웨이 노벨위원회(평화)를 노벨상 수여 기관으로 지목했다. 노벨 평화상만 노르웨이에서 수여하는 이유는 노벨이 사망할 당시는 아직 노르웨이와 스웨덴이 분리되지 않았었기 때문이다.

노벨 경제학상은 1968년에 스웨덴 중앙은행이 설립 300주년을 맞아 노벨 재단에 거액의 기부금을 내면서 재정되어 1969년부터 시상해 왔다. 스웨덴 중앙은행은 경제학상 수상자 선정에 전혀 관여하지 않으며 수상자 선정과 수상은 다른 상들과 마찬가지로 스웨덴 왕립과학원이 주관하고 있다. 그 직후 노벨 재단은 더 이상 새로운 상을 만들지 않기로 결정했다.

노벨의 유언에 따라 설립된 노벨 재단은 기금의 법적 소유자이자 실무담당 기관으로 상을 주는 기구들의 공동 집행기관이다. 그러나 재단은 후보 심사나 수상자 결정에는 전혀 관여하지 않으며, 그 업무는 4개 기구가 전담한다. 각 수상자는 금메달과 상장, 상금을 받게 되는데, 상금은 재단의 수입에 따라 액수가 달라진다.

노벨상은 마땅한 후보자가 없거나 세계대전 같은 비상사태로 인해 정상적인 수상 결정을 내릴 수 없을 때는 보류되기도 했다. 국적, 인종, 종교, 이념에 관계없이 누구나 받을 수 있으며, 공동 수상뿐 아니라 한 사람이 여러 차례수상하는 중복 수상도 가능하다.

두 차례 이상 노벨상을 받은 사람은 마리 퀴리(1903년 물리학상, 1911년 화학상)를 비롯하여 존 바딘(1956년과 1972년 물리학상), 프레더릭 생어(1958년과 1980년 화학상), 그리고 라이너스 폴링(1954년 화학상, 1962년 평화상)이 있으며, 단체로는 국제연합 난민고등판무관이 1954년과 1981년 두 차례 노벨 평화상을 받았고, 국제 적십자위원회는 1917년과 1943년, 1966년 세 차례 노벨상을 수상했다.

노벨상을 거부한 경우도 있는데, 그 이유는 개인의 자발적인 경우와 정부의 압력으로 크게 나눌 수 있다. 1937년 아돌프 히틀러는 1935년 당시 독일의 정치범이었던 반나치 저술가 카를 폰 오시에츠키에게 평화상을 수여한 데 격분하여, 향후 독일인들의 노벨상 수상을 금지하는 포고령을 내린 바 있다. 이에 따라 리하르트 쿤(1938년 화학상)과 아돌프 부테난트(1939년 화학상), 게르하르트 도마크(1939년 생리·의학상)는 강제로 수상을 거부하였다.

그 외에도 『닥터지바고』로 1958년 노벨 문학상을 수상한 보리스 파스테르나크는 그 소설에 대한 당시 구소련 대중의 부정적인 정서를 이유로 수상을 거부했으며, 1964년 문학상 수상자 장폴 사르트르와 1973년 평화상 수상자인 북베트남의 르둑토는 개인의 신념 및 정치적 상황을 이유로 스스로 노벨상을 거부했다.

1901년부터 수여된 노벨과학상은 지난 118년간 607명의 수상자를 배출하였으며, 물리학상은 210명, 화학상은 181명, 생리의학상은 216명이다. 국가별로 보면 미국, 영국, 독일 순으로 수상자를 많이 배출했으며 아시아권 국가에서는 일본이 23명으로 가장 많은 수상자를 배출하였다. 그리고 수상자 전체의 97%는 남성이며, 여성수상자는 총 20명으로 3%를 차지하고 있다.[2]

---

2) 한국연구재단(2019) 「노벨과학상 종합분석 보고서」

나. 노벨상 수상자 선정 과정[3]

먼저 노벨상심사위원회는 매년 1월 말까지 전 세계의 각 분야별 심사위원단 3천명으로부터 노벨상 후보를 추천받아 이 가운데 250~350명 정도를 추리게 된다. 처음 후보를 추천할 수 있는 3천명은 스웨덴 왕립한림원 소속 회원 350명, 노벨상 심사위원, 스웨덴과 핀란드, 노르웨이 등의 북유럽 지역 교수들, 전임 노벨상 수상자들, 해당 분야 유명 대학, 특별히 초청된 과학자들 등이다.

이후 심사위원회는 2월부터 8월까지 추천 후보들을 압축하는 작업을 거쳐 위원회 자체적으로 최종 1명을 선정, 스웨덴 왕립한림원에 후보를 올린다. 이렇게 선정된 노벨상 후보는 9월에 30명으로 구성된 각 분과별 전문가 집단의 평가를 거쳐 10월에 왕립한림원에서 최종 결정된다. 노벨상 시상식은 12월 10일 스톡홀름에서 열리며 노벨상 수상자들은 노벨상 메달과 졸업장, 상금 액수를 확인할 수 있는 문서로 구성된 노벨상을 받는다.

해마다 해당 분야에서 권위 있는 대학 중 한 곳을 골라 후보 추천이 이루어지고 있으며, 몇 해 전부터 유명대학 리스트를 늘리는 작업을 해왔고 한국도 이 중에 포함되어 있다고 한다.

---

[3] 우남위키 노벨상

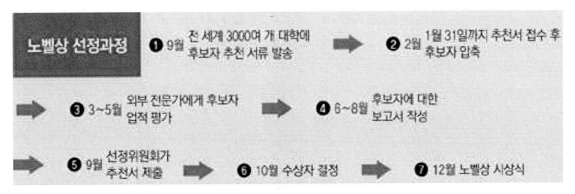
그림-5. 노벨상 수상자 선정 과정

후보를 심사하는 기준은 해당 철저히 해당 후보의 업적과 개인적 측면에 초점이 맞춰지며 대학이나 지역, 국가, 성별 등에 따른 안배는 없다.

첫 발견 또는 발명인지, 그리고 그 발견이나 발명이 얼마나 중요성을 가지는지, 새 분야를 개척했는지, 사회에 얼마만큼 임팩트를 줬는지 등이 심사 요소로 고려되며, 이슈화된 연구 분야보다는 오래전에 기초적인 발견을 한 사람한테 상이 돌아갈 가능성이 크다.

하지만 심사위원회가 후보를 선정했다고 해서 왕립한림원에서 그대로 받아들여지는 않는다. 1908년의 경우 심사위원회에서 최종적으로 올린 후보가 왕립한림원에서 다른 사람으로 바뀐 경우가 있기 때문이다. 이는 왕립한림의원이 최종 권한을 가지기 때문으로, 이러한 이유로 인해 노벨상 수상자는 발표 당일 몇 시간 전까지도 공표되지 않는 것이다.

노벨상 후보에 대한 심사과정부터 최종선정까지의 모든 과정은 50년간 비밀에 부쳐지며, 만약 심사위원이 심사과정이나 후보 명단 등을 누설한다고 해서 이를 법적으로 처벌할 수는 없지만 얼마든지 사회적으로 매장하는 것이 가능하다. 처벌 규정이 없지만 아무도 발설하려 하지 않는 이유인 것이다.

3. 전 세계의 노벨상 수상국가

3. 전 세계의 노벨상 수상국가

가. 최근 과학계의 노벨상 수상국가[4]

그림 7 2021년 노벨 물리학상 수상한 일본 출신
'마네베 슈쿠로'

지구온난화 연구에 대한 공로를 인정받아 노벨 물리학상을 받은 마나베 슈쿠로 (90) 미국 프린스턴대학 선임연구원은 이날 <니혼게이자이신문> 인터뷰에서 이렇게 소감을 밝혔다. "노벨 물리학상은 나와 같은 연구로 수상한 사람이 과거에 없었다"며 "기후 물리학이라고 하는 주제로 수상해 매우 영광"이라고 자신의 연구가 세계적으로 평가받은 것에 기뻐했다. 그는 이날 뉴저지주 프린스턴대 캠퍼스에서 열린 기자회견에서도 영어로 "호기심"이라는 단어를 반복하며 강조했다.

마나베 연구원은 대기 중의 이산화탄소(CO_2) 농도가 기후에 미치는 영향을 처음으로 수치로 밝혀낸 학자다. 노벨상 전형 위원회는 마나베 연구원이 "대기 중의 이산화탄소 농도의 상승이 지표의 온도 상승으로 연결되는 것을 실증했다"고 설명했다. 지구 온난화의 원인을 과학적으로 제시한 그의 연구는 현재 전 세계적으로 진행되고 있는 탈탄소 움직임의 영향을 줬다는 평가를 받는다.

---

4) 한겨레 '노벨 물리학상 수상 일본 출신 마나베 '호기심 채우는 연구 했을 뿐'

일본 출신 노벨상 수상자(미국 국적 취득자 포함)는 마나베 연구원을 포함해 28명이다. 물리학상 수상자로는 12번째다. 일본 자연과학 분야 노벨상 수상자들은 마나베처럼 호기심을 강조하는 경우가 많았다. 지난 2019년 노벨 화학상 공동수상자로 결정된 요시노 아키라 아사히카세이 명예 펠로는 "쓸데없는 일을 잔뜩 하지 않으면 새로운 것은 태어나지 않는다. 무엇에 쓸 수 있는지와는 별도로, 자신의 호기심에 근거해 새로운 현상을 열심히 찾아내는 게 필요하다"고 말했다.

나. 선진국의 노벨상 독점[5]

영국 브리태니커(Britannica)와 노벨위원회 자료를 분석한 결과, 2022년 기준 전체 노벨상 수상자는 총 1190명으로 이들의 국적은 모두 82개국이다.

노벨상 수상자가 가장 많은 국가는 미국으로, 403명의 수상자를 배출해 압도적 1위를 차지했다. 미국은 총 406회의 노벨상 수상을 이뤄냈으나 존 바딘(물리학상 2회), 라이너스 폴링(화학상·평화상), 배리 샤플리스(화학상 2회)의 겹 수상으로 인해 수상자는 403명이다.

이어 영국이 수상자 137명으로 2위에 올랐으며, 영국의 프레더릭 생어도 화학상을 두 번 받았다. 3~5위는 각각 독일(113명), 프랑스(72명), 스웨덴(33명)이다. 우크라이나 침공 전쟁을 벌이고 있는 러시아가 32명의 수상자를 배출해 6위였다. 이는 소련 시절의 노벨상 수상 인원도 포함된 수치다.

아시아 국가로는 일본이 7위로 가장 높은 순위에 자리했다. 일본은 29명의 노벨상 수상자를 배출했다. 8~10위는 각각 캐나다(28명), 스위스(27명), 오스트리아(23명)로 집계됐다. 대한민국의 노벨상 수상자는 김대중 전 대통령 1명뿐이다. 그는 일생 동안 한국의 인권 향상, 북한과의 평화 공존 등을 위해 노력한 공로를 인정받아 2000년 평화상을 받았다.

---

5) 머니투데이 '[더차트] 역대 노벨상 수상자, 美압도적 1위…日도 상위권'

국가별 노벨상 수상자 현황

순위	국가	수상자(명)
1	미국	403
2	영국	137
3	독일	113
4	프랑스	72
5	스웨덴	33
6	러시아(소련)	32
7	일본	29
8	캐나다	28
9	스위스	27
10	오스트리아	23

*자료: 영국 브리태니커(Britannica)

6)노벨 과학상의 집중 현상은 국가만이 아니라 개별 연구기관에도 적용된다. 미국 하버드대, 캘리포니아공대, 스탠퍼드대는 여섯번째로 노벨상을 많이 배출한 국가인 러시아보다도 많다. 미국 컬럼비아대의 과학 사회학자 로버트 킹 머튼은 이런 현상을 두고 "무릇 있는 자는 받아 풍족하게 되고, 없는 자는 그 있는 것까지 빼앗기리라"라는 성경 마태복음의 구절에 빗대 '마태효과'라 불렀다.

---

6) 한겨레 2016.10.03. 참조

그림-9. 노벨상 시상식

 이러한 독점 구조는 노벨상 후보자의 선정 방식에서도 기인했다. 노벨상은 세계의 수백~수천 명의 관련 분야 전문가들의 추천을 받아 스웨덴 왕립과학원(물리·화학상)과 카롤린스카 의대(생리·의학상) 노벨위원회가 최종 수상자를 선정한다. 하지만 노벨상 선정에 있어 가장 큰 영향을 미치는 것이 바로 기존 노벨상 수상자들의 추천이다. 바로 이점이 기존의 노벨상 수상자를 보유하고 있는 선진국에서 계속해서 수상자가 나오는 이유이다.

 1972년까지 미국 노벨상 수상자 92명 가운데 48명이 노벨상 수상자를 스승이나 선배로 두었고, 이들 48명은 모두 71명의 수상자 스승 밑에서 연구했다. 스승과 제자 계보가 다섯 세대까지 연결된 경우까지 있다. 프랑스 사회학자 피에르 부르디외는 과학을 문화적 자본의 하나로 보았다. 자본이 적대적 경쟁을 통해 무한히 확대 재생산하듯이 과학도 자신이 가진 과학적 성과를 다른 사람들과 철저히 구별하고 특정 분야·집단에 집중한다는 것이다. 노벨 과학상이 특정 국가나 기관에 쏠리는 현상도 이러한 개념으로 설명할 수 있다.

 노벨상 진입장벽을 뛰어넘으려면 젊은 과학자들한테 파격적인 지원이 필요하다. 하지만, 우리나라 35살 이하 젊은 연구원의 비율이 25%인데 반해 연구비 지원은 10%도 안 되는 것이 현실이다.

한 나라의 과학기술 수준을 높이기 위해서는 유명한 과학자들을 유치하는 것보다 젊은 과학자를 양성하는 것이 더 중요하다. 심지어, 신규 임용 교수에게 주는 초기 정착금이 너무 적어 심지어 은행에 융자를 받으러 다닐 정도로 지원자체가 없다시피 하다. 비슷한 나이의 일본 교수들은 연구비를 걱정하지조차 않을 정도로 지원을 받지만, 우리나라 교수들은 연구비를 받기 위한 제안서를 쓰는 데 골머리를 썩고 있다. 굶어죽을 각오를 하면서까지 기초과학 연구에 매달릴 연구자가 과연 있을까? 선진국이기 때문에 수상자가 많이 나오는 것이 아닌, 지원과 투자가 뒷받침되기 때문에 수상자가 많이 나오는 것이라 생각된다.

다. 노벨상 수상 동향 분석

1) 경제력이 노벨과학상에 미치는 영향

과학분야 노벨상 국가별 순위(1901년~2015년) *화학/물리학/생리·의학 분야(총 수상자 716명) ( )는 비과학분야 포함 수상자	GDP 국가별 순위(2015년)	2015 GDP(억\$)
01. 미국 267명(353명)		
02. 영국 85명(125명)	01. 미국 (267)	179,682
02. 독일 85명(105명)	02. 중국 (1)	113,848
04. 프랑스 36명(61명)	03. 일본 (21)	41,162
05. 일본 21명(24명)	04. 독일 (85)	33,710
06. 스위스 20명(25명)	05. 영국 (85)	28,649
07. 캐나다 17명(23명)	06. 프랑스 (36)	24,226
07. 러시아 17명(23명)	07. 인도 (6)	21,826
09. 스웨덴 16명(30명)	08. 이탈리아 (12)	18,190
09. 오스드리아 16명(21명)	09. 브라질 (1)	17,996
09. 네덜란드 16명(19명)	10. 캐나다 (17)	15,728
12. 이탈리아 12명(20명)	11. 대한민국0(1)	13,930
13. 호주 11명(12명)	12. 러시아 (17)	12,408
13. 헝가리 11명(13명)	13. 호주 (11)	12,359
15. 덴마크 9명(14명)	14. 스페인 (2)	12,214
16. 폴란드 7명(12명)	15. 멕시코 (1)	11,615
17. 이스라엘 6명(12명)		
17. 인도 6명(10명)		

17. 벨기에 6명(10명) 20. 노르웨이 5명(13명) 20. 남아공 5명(10명)		

표-1 국가별 노벨상 수상자 수와 해당국가 GDP와의 비교

7)위 표는 국가별로 노벨상수상이 가장 많은 20개국과 GDP 상위 15개국을 비교한 표이다. 8)GDP 상위 30개국 중에서는 24개국이 노벨 과학상 보유국이었으며 한국, 인도네시아, 사우디, 나이지리아, 태국, 이란 6개국만 과학 분야에서 노벨상을 수상하지 못하였다.

GDP는 그 국가의 국력을 나타내는 지표중 하나이다. 물론 경제력과 노벨상 수상자의 수가 완벽한 상관관계를 갖는 것은 아니지만, 일반적으로 GDP가 높은 나라들 중 선진국이 많이 포함되어 있고 이들 미국과 유럽, 일본과 같은 나라들의 경우 과학에 대한 정부의 지원과 투자가 충분하며 사회적 인프라 또한 잘 갖추어져 있다. 비슷한 인적자원과 국가규모를 갖고 있는 두 나라 중 기초과학분야에 훨씬 더 많은 투자와 지원을 하는 나라에서 노벨상 수상자가 더 많이 나오는 것은 당연한 것이다. 20위권까지 몇몇 국가들을 제외한 나머지 국가들이 미국과 유럽에 편중되어 있는 것을 보면 알 수 있다. 개발도상국이 많은 동남아지역은 한군데도 없으며, 아프리카는 남아공 1곳, 인도정도를 제외하면 전부 서양권 국가들인 것을 볼 수 있다.

---

7) 국제통화기금(IMF, http://www.imf.org) 자료 참조
8) GDP(Gross Domestic Product) 국내총생산을 말한다. 즉, 한 나라의 영역 내에서 가계, 기업, 정부 등 모든 경제 주체가 일정기간 동안 생산활동에 참여하여 창출한 부가가치 또는 최종 생산물을 시장가격으로 평가한 합계이다.

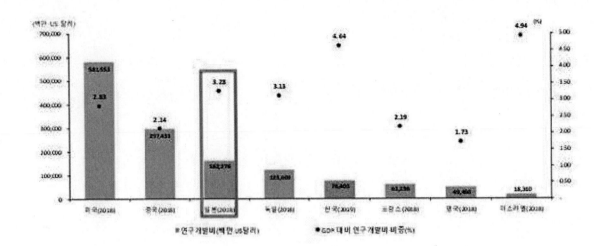

위 표는 2019년 기준 국가별 총 연구개발비를 표로 나타낸 것이다. 국가별 GDP대비 노벨상 수상자 수의 상관관계분석처럼, 연구개발비 순위도 노벨상 수상자 수와 어느 정도 상관관계가 있는 것으로 보인다.

왼쪽부터 차례대로 미국 5815억 달러, 중국 2974억 달러, 일본 1622억 달러, 독일 1236억 달러(이상 2018년 기준)에 이어 우리나라는 5위 수준이다. 6위는 프랑스, 7위는 영국, 8위는 이스라엘이다.

한편, 우리나라 GDP(국내 총생산) 대비 연구개발비 비중은 4.64%로 이스라엘에 이어 세계 2위로 조사됐다(해외 국가들의 2018년과 비교한 것으로 향후 순위가 달라질 수 있다).

하지만 연구원 1인당 사용한 연구개발비는 2억675만원. 달러 환산 시 연구원 1인당 연구개발비는 17만7396달러로 5위 수준이지만 미국 38만2723달러의 절반에도 미치지 못한다. 여성 연구원은 전년보다 8459명(8.1%)이 늘어난 11만3187명(21.0%)으로 지속해 증가하고 있지만 일본(16.6%)을 제외한 영국(39.2%), 독일(27.9%, 17년), 프랑스(28.3%, 17년) 등 주요 선진국에 비해 낮다.[9]

---

9) HelloDD '연구개발 투자 89조원 세계 5위... GDP 대비 2위'

2) 언어가 노벨문학상에 미치는 영향

2014년 현재 113년이 넘는 노벨문학상 역사에서 노벨문학상을 1명 이상 배출한 나라는 39개국에 달한다. 39개국 중에서 가장 많은 노벨문학상 수상자를 배출한 국가는 프랑스로 무려 16명이나 노벨문학상을 받았다.

노벨 문학상 국가별 수상자 순위 (2022년기준)	언어별 수상자 수 (2022기준)
01. 프랑스 16명	01. 영어권 28명
02. 미국 11명	02. 불어권 14명
03. 영국 10명	03. 독일어권 14명
04. 독일 8명	04. 스페인어권 11명
05. 스웨덴 8명	05. 스웨덴어권 7명
06. 스페인 6명	06. 이탈리아어권 6명
07. 이탈리아 6명	07. 러시아권 5명
08. 폴란드 4명	08. 폴란드어권 5명
09. 아일랜드 4명	09. 노르웨이권 3명

표 -2. 노벨 문학상 국가별 수상자 수와 언어별 수상자 수 비교

[10]위 표에 따르면 지금까지 국가별 노벨 문학상 수상자 수는 프랑스 작가 16명, 미국 작가 11명, 영국 작가 10명, 독일 작가 8명, 스웨덴 작가 8명, 스페인 작가 6명, 이탈리아 작가 6명, 폴란드 작가 4명, 아일랜드 작가 4명 등이고 언어권으로 분류하면 영어권 28명, 불어권 14명, 독일어권 14명, 스페인어권 11명, 스웨덴어권 7명, 이탈리아어권 6명, 러시아권 5명, 폴란드어권 5명, 노르웨이권 3명이다.

그동안 통계를 따져보면 알겠지만, 노벨 문학상은 대부분 서양 작가에게 수여되었다. 이에 대해 <리베라시옹> 한 독자는 기사에 "(노벨문학상 수상자 리스트를 보면) 일본인, 중국인, 인도인, 브라질인, 아르헨티나인 등 몇 몇 나라만 예로 든다고 쳐도 이들이 전혀 글을 쓰지 못하는 것처럼 보인다."면서 "아니면 서양 노벨 문학상이라고 불러야 하지 않을까?"라고 댓글을 남겼다.

---

10) 위키백과 '노벨 문학상 수상자 목록'

이런 의문이 나올 수밖에 없는 건, 앞서 언급한 수상자 현황만 봐도 알 수 있다. 서양 작가가 아닌 노벨 문학상 수상자는 열 손가락 안에 꼽히고 있는데, 인도의 타고르(1913), 일본의 가와바타(1968)와 오에(1995), 나이지리아의 월레 소잉카(1986), 이집트의 마푸즈(1988), 터키의 오르한 파묵(2006), 중국의 모옌(2012) 등이 있다. 한국은 아직 노벨 문학상 수상자를 내지 못하고 있다.

영어권 언론들은 모디아노의 수상에 놀란 기색을 감추지 않고 있다. 영국 일간지 <가디언>은 "모디아노가 프랑스 내에서는 잘 알려진 작가지만 그 외의 다른 나라에는 거의 알려지지 않은 작가이다"라고 보도했다. 또 다른 기사에서 한 기자는 "올해 노벨 문학상이 미국 작가 필립 로스에게 돌아가지 않은 게 유감스럽다"라고 밝히고 있다.

미국 시사주간지 <타임>도 '왜 당신은 파트릭 모디아노라는 이름을 들어보지 못했는가?'라는 제목의 기사를 통해 "미국, 영국인은 그의 작품이 많이 번역되지 않았기에 그의 작품을 잘 알지 못하고 모디아노라는 작가도 잘 모르고 있다"면서 이런 상황에서의 그의 노벨 문학상 수상은 당황스럽다고 밝히고 있다.

미국의 웹사이트 <더 데일리 비스트>와 영국의 <더타임스>도 '파트릭 모디아노가 대체 누구인가?'라는 제목의 기사를 게재했다. 영어권 언론들의 이런 반응은 영어로 번역된 모디아노의 작품이 많지 않다는 점에서 그 원인을 찾을 수 있을 것 같다. 모디아노의 작품은 세계 36개국 언어로 발표됐지만, 50여개 작품 중 10여개 만이 영어로 번역·출판돼 있는 상황이기 때문이다.

이렇듯 황석영(黃晳暎)이나 고은(高銀, 80세) 등이 대중들을 감동시키는 문학작품을 많이 발표해 꾸준히 노벨문학상 후보로 거론되면서도 번번이 고배를 마시는 것도 번역상의 문제로 해외에 덜 알려졌기 때문이라는 분석이 많다.

그도 그럴 것이 노벨문학상을 2명이나 배출한 일본은 1945년부터 무려 2만 여종의 문학작품을 번역해 외국에 소개했는데 비해, 한국은 2001년에 설립된 한국문학번역원에서 지난 8년 간 26개국 언어로 380여 권의 한국문학을 해외에 소개하는 데 그쳤다고 한다.

가와바타 야스나리(川端康成)는 1968년 노벨상 수상 기자회견에서 "이 상의 절반은 에드워드 사이덴스티커(Edward Seidensticker)의 것"이라고 말했다. E. 사이덴스티커는 '설국(雪國)'을 영어로 소개한 번역가이자 작가다.

많은 사람들이 E. 사이덴스티커의 '설국' 번역본이 가와바타 야스나리의 원문보다 훌륭하다고 말할 정도였고, 그 덕분에 일본어로만 작품을 쓴 가와바타 야스나리는 전 세계적인 거장의 반열에 오를 수 있었다.

외교관으로 일본에 온 E. 사이덴스티커는 도쿄에 정착, 프리랜서 작가 겸 번역가로 변신했다. 그는 가와바타 야스나리를 비롯해 다니자키 준이치로(谷崎潤一郎, 1886-1965), 미시마 유키오(平岡公威, 1925-1970) 등 일본 현대문학 3대 거장의 소설을 처음으로 영어로 번역해 세계에 알렸다.

일본인들도 현대어 번역 없이 읽기 힘들다는 '겐지 이야기'를 번역해 화제가 되기도 했다. 스스로도 '도쿄이야기', '나는 어떻게 번역가가 되었는가' 등의 저서를 썼다. E. 사이덴스티커는 "번역이란 끊임없이 뭔가를 내버릴 것을 요구하는, 마구잡이에다가 가차 없는 작업"이라는 말을 남겼다.

한국이 앞으로 노벨문학상을 받기 위해서는 우선 먼저 암묵적으로 알려진 노벨문학상 수상 조건 세 가지를 갖추어야 한다.

첫째 조건은 노벨문학상을 주었을 때 그 나라 국민 대부분이 공감해야 한다. 국민 절반이 반대하면 주기 싫을 수밖에 없다. 양극화된 우리 사회를 돌아볼 때 걱정되는 부분이다.

또 하나는 작가가 정치적으로 편향돼서는 안 된다는 점이다. 정권의 편을 들거나 야당에만 경도되지 않고 중립을 지켜야 한다. 물론 독재정권이거나 인권 말살과 탄압에는 분명한 목소리를 내야 하지만 그러한 경우를 제외하곤 작가는 문학 자체에 충실해야 한다. 과도한 민족주의도 도움이 되지 않는다. 하루키처럼 동아시아 평화를 앞세워 자기 나라 편을 안 드는 게 현명한 태도라는 것이다.

마지막으로 자기 관리를 잘 해서 사이버공간에 비난이 없어야 한다. 한편 전문적이고 집중적인 문학 교육을 통해 기상천외한 상상력, 풍부한 감성, 번뜩이는 영감, 뛰어난 문장력, 유구한 역사와 독특한 전통문화에 대한 깊은 이해, 문학에 대한 열정 등을 골고루 갖춘 훌륭한 문학 인재를 많이 양성해야 한다.

그리고 국가 정책으로 작가들이 한국의 전통문화를 소재로 다른 나라 문학과 차별화된 독특하고 재미있는 문학 작품을 많이 발표할 수 있도록 다각적인 지원 방안을 마련해야 한다. 또한 한국의 출판사들이 한국문학을 전공한 외국인들이나 외국어를 전공한 한국인들의 도움을 받아 한국의 문학 걸작들을 외국어로 번역해 세계 각국으로 보급해야 한다.

라. 주요국의 연구개발 투자동향[11]

미국이 오랫동안 글로벌 R&D 리더 였지만, 최근 몇 년 동안 중국의 성장이 두드러졌다. 2000년 이후 중국의 공공 및 민간 R&D 투자는 연평균 14.2% 증가하여 한국의 2배, 미국의 4배에 달하는 놀라운 성장률을 기록하였다.

이러한 성장의 결과 중국의 R&D 투자는 2020년에 5,630억 달러에 이르렀고, 이는 미국과 약 1,010억 달러 차이로 양국 격차는 계속해서 좁혀지고 있다.

---

11) 산업통상자원부(2022) 「글로벌 산업기술·시장동향-글로벌 연구·개발 투자 현황 (미국R&D중심)」

팬데믹 기간 동안 중국, 미국의 R&D가 증가한 반면에, EU의 총 R&D 투자는 감소하였다. 이탈리아는 특히 유럽에서 팬데믹의 진원지가 된 첫 번째 국가로 공격적인 봉쇄 조치와 자금 조달 방향이 한동안 과학 산출물을 억제한 것으로 보인다.

이와 더불어 영국의 EU 탈퇴는 영국 및 EU 과학자들의 자금 및 프로젝트 접근에 상당한 변화 및 혼란을 가져왔다.

그리고 이스라엘과 한국은 R&D 집약도가 가장 높은 두 국가로, 미국이나 중국에 비해 절대 달러로 R&D에 지출하는 비용은 훨씬 적지만 각 경제에서 더 큰 비중을 차지하므로 과학 혁신에 대한 상대적인 집중도가 더 높음을 나타내고 있다.

또한 일본/대만은 민간 기업 R&D가 강조되었고, 노르웨이/프랑스는 정부 R&D가 상대적으로 큰 역할을 했다. 이에 따라 2019년 기준 미국의 민간 R&D 집약도의 글로벌 순위에서 한국, 일본, 대만이 선두를 유지하고 미국이 5위를 차지했다.

한편, 기초과학 R&D 투자에서는 각국 경제에 따라 응용 R&D 지출에 더 집중하는 단기 투자 경향 혹은 기초과학 R&D를 통한 장기 투자 경향으로 분류될 수 있다. 기초과학은 응용과학과 비교하여 예측 불가한 결과 혹은 불확실한 투자로써 초기 투자와 경제적 영향 사이의 간격이 크며, 지식으로부터 얻을 수 있는 실질적 이익 및 지식 파급 효과로 인한 개인 투자회수가 단기간에 어려울 수 있기 때문이다.

그러나 기초과학 R&D를 통해 생성된 지식은 훨씬 더 큰 사회적 수익과 함께 단기 초점 R&D자금 제공자들이 이용할 수 없는 새로운 상업적 능력 기회를 창출할 수 있기에 기초과학은 공공 투자와 더 관련이 있다. 산업 R&D는 역사적으로 응용과학 R&D에 좀 더 초점을 맞추는 경향이 있다.

2019년 기준 미국의 기초과학 R&D 투자 순위는 10위이며, 정부 투자와 기초과학 R&D 연관성과 최근 공공 R&D 감소에도 불구하고 미국의 기초과학 집약도는 상대적으로 높은 순위 유지하고 있다. 이는 점점 더 기초과학 연구의 많은 부분이 업계 자금 지원을 받고 있음을 시사한다.

4. 시대변화 반영하는 노벨상의 흐름

4. 시대변화 반영하는 노벨상의 흐름[12)

세계 최고의 지성을 상징하는 노벨상 수상자 선정 기준은 시대 흐름 등을 반영하며 달라지고 있는 추세이다. 최근 노벨위원회는 이론 중심에서 벗어나 현실과 접목한 연구 성과에 주목하고 있다. 여성 수상자 비율이 높아지고, 수상자들의 국적도 다양해지는 양상을 보이고 있다.

근래 수상을 살펴보았을 때 노벨 경제학상의 경우 최근 실증적인 분석을 통해 전 세계가 직면한 경제적 난관을 풀어나가는 쪽에 초점이 맞춰져 있다. 금융 규제와 기업 간 역학관계 연구로 지난해 노벨 경제학상을 받은 장 티롤 프랑스 툴루즈1대학 교수와 게임이론을 시장설계에 접목해 2012년 수상자로 선정된 앨빈 로스 미국 스탠퍼교수 등이 대표적인 수상자로 볼 수 있다.

2003년 이후 10년 만인 2013년 수상자를 배출한 계량경제학 분야에서도 주식 및 채권, 주택시장 가격 예측모델을 연구한 유진 파마, 라스피터 핸슨 시카고대 교수와 로버트 실러 예일대 교수가 상을 받았다.

2010년 노벨상은 경제정책이 실업에 미치는 영향 등을 연구한 노동경제학의 대가 피터 다이아몬드 매사추세츠공과대(MIT) 교수 등 3명에게 돌아갔다.

반면 개발경제학 분야는 1979년 이후 수상자를 내놓지 못하고 있고, 경제성장론과 경제사 분야도 노벨상에서 멀어진 지 오래다. 효율적 자원배분과 일반균형이론 등의 거시모델 역시 2000년 이후 노벨상의 주목을 받지 못하고 있다.

1970~1990년대 노벨 경제학상 단골수상 분야였던 거시경제학도 2000년 이후 노벨상과 인연을 맺지 못하다가 에드먼드 펠프스 컬럼비아대 석좌교수가 인플레이션과 실업의 상충관계를 실증적으로 연구한 공로로 2006년 수상하면서 명맥을 이어갔다.

---

12) 2015.10.08. 한국경제 참조

과학 분야 노벨상의 경우 연구 성과가 나온 뒤 수상까지 걸리는 시간이 점점 길어지는 추세다. 전 세계에서 수많은 연구 결과가 쏟아지고 있는 데다 이론을 증명하는 것도 점점 어려워지고 있기 때문이란 해석이다. 1993년 노벨 물리학상 수상자인 폴 디랙은 26세에 발표한 양자역학 연구로 31세에 상을 받았다.

반면 피터 힉스는 1964년에 힉스 입자의 존재를 예측했지만 증명이 어려워 2013년에야 물리학상을 받을 수 있었다. 중성미자가 질량을 가지고 있다는 것을 증명해 올해 노벨 물리학상을 받은 가지타 다카아키 일본 도쿄대 교수는 스승 고시바 마사토시 도쿄대 명예교수(2002년 노벨 물리학상 수상자)의 연구를 이어받아 결실을 맺었다.

노벨 경제학상뿐 아니라 6개 부문을 통틀어 수상자들의 국적을 살펴보면 갈수록 '미국 쏠림' 현상이 두드러지고 있다. 2018년까지의 과학 분야 노벨상 수상자 중, 미국이 267명(43%), 영국 88명(14%) 그리고 독일 70명(11%)을 배출하였고, 아시아권 국가에서는 일본이 23명(4%)으로 가장 많은 수상자를 배출하였다.

반면 2차 대전 이전에 전통적인 과학 강국이었던 영국, 프랑스, 독일 등 유럽 국가의 비중은 조금씩 감소하고 있다.

각 분야의 수상 주제를 시기별로 살펴보면, 물리학은 20세기 전반기에는 '방사선, X-선, 원자 이론, 기본 입자, 양자역학' 등이 중심이었으나, 후반기에는 '물성론, 광학, 우주 천문학, 소립자 이론' 연구 분야에서 수상자를 배출하고 있다.

화학은 20세기 전반기에는 '유기화학, 물리화학' 분야에서의 수상이 많았고, 후반기에는 'DNA구조' 분석과 연계되어 생화학 분야의 수상이 크게 늘어났다. 20세기 전반기에 물리학의 연구성과와 연계된 물리화학 분야에서의 수상이 주류를 이루다 20세기 후반기에는 생리의학과 연계된 생화학 분야로 수상 주제가 변화한 것은 주목할 만한 트렌드 변화이다.

생리의학 분야는 20세기 초에는 '면역학, 병리학' 중심이었으나, 최근에는 '분자 생물학과 생리학' 분야의 수상이 크게 증가하였다. DNA구조분석 이후 화학 분야와 융합된 주제의 수상이 주류를 이루고 있음을 확인할 수 있다.[13)

13) NRF한국연구재단 '노벨과학상 종합분석 보고서'

5. 미국, 독일 노벨상의 비결 –분석과학의 힘

5. 미국, 독일 노벨상의 비결 –분석과학의 힘[14]

가. 독일

물리학자 빌헬름 콘라드 뢴트겐(Wilhelm Conrad Röntgen, 1845. 3. 27~1923. 2. 10)은 1901년 최초의 노벨 물리학상 수상자이다. 그는 1895년 진공방전 연구 중 우연히 X선 또는 '뢴트겐선'이라 불리는 파장이 짧은 전자기파를 발견하였다.

암실에서 연구 중이었던 뢴트겐은 음극선관을 두꺼운 검은 마분지로 싸서 어떤 빛도 새어나올 수 없도록 하였으나, 음극선관에 전류를 흘려보내어 수 미터 떨어진 책상 위에서 밝은 빛이 새어나오고 있다는 것을 확인하고 이를 통해 음극선관에서 형광을 띠는 새로운 종류의 선(ray)이 나왔다는 사실을 발견하게 되었다. 뢴트겐의 발견을 통해 우리는 더 이상 몸에 상처를 내지 않고도 몸 속을 들여다 볼 수 있게 되었다.

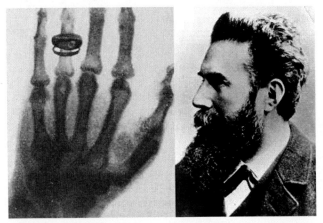

그림-13. 왼쪽은 뢴트겐 부인의 손을 x선으로 촬영한 모습. 오른쪽 사진은 뢴트겐의 사진이다.

상대성이론으로 우리에게 너무나 잘 알려진 이론물리학자 알버트 아인슈타인 (Albert Einstein, 1879.3.14~1955.4.18)은 1921년 이론물리학에 기여하고, 광전자 효과의 법칙을 발견한 공로를 인정받아 노벨 물리학상을 수상하였다.

---

14) 한국기초과학지원연구원 참조

광전자 효과는 빛의 입자성을 이용해 설명한 현상으로 금속 등의 물질에 일정한 진동수 이상의 빛을 비추었을 때, 물질의 표면에서 전자가 튀어나오는 현상을 말한다. 그 후 중력장 이론으로서의 일반상대성이론을 중력장과 전자장의 이론으로서의 통일장 이론으로 확대할 것을 시도하였다.

그림-14. 알버트 아인슈타인(Albert Einstein)

생물학자 어윈 네어(Erwin Neher, 1944. 3. 20) 와 버트 자크만(Bert Sakmann, 1942. 6. 12일)은 패치클램프 기법(patch clamp method)을 개발한 공으로 1991년 노벨 생리·의학상을 공동 수상하였다. 이 기술은 세포막 이온 통로, 수송체 등의 전기 생리학적인 특성을 연구하는 데 필수적인 기법. 세포막에는 이온이 세포의 안과 밖으로 연결하는 통로를 조절하는 미세한 통로가 있는데, 네어와 자크만은 지름 1mm의 1/1000만한 크기의 얇은 유리관을 사용하였으며, 다양한 세포의 기능을 연구하는 데 활용되고 있다.

그림-15 어윈
네어(Erwin Neher)

그림-16. 버트
자크만(Bert Sakmann)

'표면화학 연구의 대가' 게르하르트 에르틀(Gerhard Ertl, 1936년 10월 10)은 화학의 기초를 다졌다는 평과 함께 2007년 노벨 화학상을 수상하였다. 표면 현상들을 원자 수준에서 이론적으로 규명하고 철이 녹스는 원인, 자동차 촉매의 작용 원리 이해에 기여하였다. 에르틀은 표면화학이 갓 시작될 때 초고진공 기술, 분광학, 전자현미경, 전자산란, 결정학 등 다양한 과학적 기법을 사용하여 하나의 연구대상을 파헤쳤다. 이러한 연구 방법이 적용된 실례가 하버-보쉬 공정, 일산화탄소의 산화 반응. 에르틀은 자신의 방법론을 통해 이 반응들에 대한 완벽한 과학적 그림을 완성하였다.

그림-17. 게르하르트
에르틀(Gerhard Ertl

이 독일출신 노벨상 수상자들의 공통점은 모두가 '분석과학 분야 노벨상 수상자'라는 것이다.

분석과학(Analytical Science)은 연구 대상을 관찰·측정하고 해석하는 기반학문으로, 일반 과학의 주된 관점이 지식의 축적과 활용이라는 데에서 차이점이 존재한다. 과학은 자연 원리에 대한 '왜?' 라는 질문에서 시작되었으며, 이러한 탐구의 기본이 바로 쪼개고 나누는 '분석'이라고 볼 수 있다.

'분석과학'은 현대첨단기술에서도 매우 중요한 역할을 하고 있는데 새로운 분석과학의 연구개발을 통해 산업의 고도화 및 신산업 창출과 경제사회적 파급효과를 낼 수 있기 때문이다. 이렇듯 분석과학은 화학·물리학·지구과학은 물론 전자통신, 생명과학 등 거의 모든 과학기술의 연구기반을 제공하고 새로운 과학기술의 발전을 이끌고 있다.

최근에는 이러한 분석과학이 노벨상 수상의 근원으로 여겨지고 있다. 기존에 미지의 영역으로 분류되었던 부분을 독자적인 연구데이터와 첨단 분석기술·장비를 통해 연구하고 분석하고 있기 때문이다.

노벨상
6개 수상 부문
노벨상은 다양한 분야에서 가장 뛰어난 업적을 인정한다.
수상자들은 금메달과 함께 약 110만 달러의 상금을 받는다

노벨상 수상 횟수(1901-2020)
노벨상 수상자는
개인, 단체 또는 조직이 될 수 있다

111개
생리학·의학상이
222명에게
수여되었다.

112개
화학상이
186명에게
수여되었다.

113개
문학상이
117명에게
수여되었다.

노벨 메달
금 18 캐럿
175~185 그램
지름 6.6 cm

1883-96
알프레드 노벨의
출생 및 사망 연도(라틴어)

101개
평화상이
135명에게
수여되었다.

114개
물리학상이
216명에게
수여되었다.

52개
경제학상이
86명에게
수여되었다.

Source: nobelprize.org | October 7, 2021

@AJLabs ALJAZEERA

출처: Al Jazeera

1901년에서 2020년 사이에 의학상에는 111개, 물리학에서는 114개, 화학에서는 112개의 상이 수여되었다. 이 가운데 절반 이상은 유럽출신 90% 이며, 남성에게 주로 수여되었다. 전체의 약 3%는 단체들에게 주어졌다.[15]

현재, 전 세계적으로 분석과학에 대한 투자가 활발히 진행되고 있는 상황이며, 독일은 분석과학 분야를 선도하는 국가 중의 하나로 볼 수 있다. 예로 독일 막스플랑크연구회(MPG)와 일본 이화학연구소(RIKEN)를 살펴보면 이 두 기관은 장기·대형·집단 연구를 추구하며 대학이나 출연연이 하기 어려운, 자연 현상의 근원을 탐구하는 기초과학 연구에 초점을 두고 있다.

---

15) https://zigzagworld.tistory.com/311

MPG는 36명, RIKEN은 9명의 노벨과학상 수상자를 배출했다. 각각 독일 노벨과학상 수상자 88명의 41%, 일본 수상자 25명의 36%에 해당한다.[16]

또한 독일은 1952년 분석과학 관련 전문 연구기관인 '분석과학연구소(Institute for Analytical Science, ISAS)'를 설립하였다. 독일 분석과학연구소는 새로운 분석방법과 분석 도구를 개발하며, 기존의 분석법과 장비들을 개선하는 데 주력하고 있다.

연구소에서는 이 분야 저명한 교수들을 영입하여 분석과학 연구 전문인력 양성을 체계적으로 육성해나가는 중에 있다. 다양한 분석 원리와 절차, 분석 기법과 분석 도구를 새롭게 개발해 기존의 분석기법과 장비들의 기능을 향상시키는 것이다.

또한, 포털 사이트 'Analytica-World(http://www.analytica-world.com) 운영을 통해 전 세계 분석과학자들의 플랫폼 역할을 하고 있으며, 사이트 이용자들은 세계 각국 분석장비의 공급업체에 관한 정보와 국가별 분석기술 동향과 시장동향을 실시간으로 확인할 수 있다.

---

16) 전자신문 '[기고] 기초과학연구원과 노벨상'

나. 미국

그림 19 2022 노벨화학상 수상자 '배리 샤플리스(81)'

스웨덴 왕립과학원 노벨상위원회는 2022년 노벨화학상 수상자로 캐럴린 버토지 (55) 미국 스탠퍼드대 교수와 모르텐 멜달(68) 덴마크 코펜하겐대 교수, 배리 샤플리스(81) 미국 스크립스연구소 연구교수를 선정했다고 발표했다.

3명의 공동 수상자 중 샤플리스 연구교수는 이번이 두번째 노벨 화학상 수상이다. 지난 2001년 미국인 과학자 윌리엄 노얼리스와 일본인 연구자 료지 노요리와 함께 상을 받았다. 새로운 비대칭 유기화합물 합성법을 개발해 여러가지 유용한 약품 개발에 기여했다는 평가를 받았다. 21년 전인 2001년 노벨 화학상을 안긴 이 연구는 항생제나 고혈압약, 항염증약품, 심장질환 치료제 등 수많은 산업 분야에 응용됐다. 샤플리스 연구교수는 당시 수소화 반응에 대한 연구로 상을 받았다. 비대칭 금속 촉매를 이용한 비대칭 수소화 반응과 산화 반응을 개발한 공로였다.

이번 두 번째 노벨화학상 수상은 '클릭화학'의 기초를 세운 공로다. 클릭화학은 물질의 작은 분자를 빠르게 결합하는 반응을 연구하는 분야다. 마우스를 '클릭'하듯 간단하게 화합물을 얻는 방법을 연구한다. 간단하게 얻은 화합물은 신약합성이나 기능성 고분자 개발, 바이오 이미징 등 다양한 분야에 기여한다.

과학 분야 노벨상에서 2번 상을 받은 것은 샤플리스 연구교수가 4번째다. 미국인 과학자 존 바딘이 1956년과 1972년 각각 물리학상을 받았다. 영국 화학자 프레데릭 생어가 1958년, 1980년 노벨 화학상을 받았다.[17]

그림-20. 아흐메드
즈웨일(Ahmed Zweil)
캘리포니아공대 교수

Felix Bloch   Edward Mills Purcell

그림-21. 필릭스 블로흐(Felix Bloch)와
에드워드 퍼셀(Edward Purcell)

1999년 아흐메드 즈웨일(Ahmed Zweil) 캘리포니아공대 교수는 펨토초 레이저를 이용해 초고속 화학반응을 규명한 업적을 인정받아 노벨화학상을 수상했다. 아흐메드 교수는1,000조 분의 1초인 펨토초 간격으로 촬영이 가능한 레이저총을 개발하였다.

---

17) 동아사이언스 '[노벨상 2022] 美과학자 샤플리스, 2001년 이어 21년만에 노벨화학상 또 수상'

이 레이저총은 1펨토초 동안에 레이저 촬영이 이루어지는 '세계 최고속 카메라'인 셈이며, 모든 생명현상은 정지해있는 분자가 아닌 매우 빠르게 움직이는 분자에 의해 일어나는데, 이러한 움직임을 포착할 수 있는 것이 바로 펨토초 레이저 기술이다.

1952년 펠릭스 블로흐(Felix Bloch)와 에드워드 퍼셀(Edward Purcell)은 원자핵의 자기장을 분석하는 핵자기공명법(Nuclear Magnetic Resonance spectroscopy, NMR)을 개발한 공을 인정받아 노벨물리학상을 수상하였다. NMR은 자기장 내 원자핵의 자기모멘크에 특정한 외부의 에너지가 작용하여 그 에너지를 흡수하고 다른 에너지 준위로 전이하는 현상과 이를 이용한 분광법을 말하며. 현재는 물질의 특성 분석에서 의학 분야까지 다양한 분야에서 널리 활용되고 있다.

그림-22. 어니스트 로렌스

또 한 명의 미국 물리학자 어니스트 로렌스(Ernest Orlando Lawrence)는 1939년 최초의 입자가속기 사이클로트론(Cyclotron)을 발명한 업적으로 노벨 물리학상을 수상하였다. 어니스트 로렌스는 전하를 띤 입자가 균일한 자기장 속에서 로렌츠 힘을 받으면 원운동을 한다는 사실을 이용하였다.

균일한 자기장 속에 자기장에 수직한 방향으로 하전입자가 입사되면, 입자는 자기장의 방향과 입사방향 모두에 대해 수직방향으로 로렌츠힘을 받게 되어 일정한 원궤도를 그리며 운동을 하게 되는데, 균일한 자기장 속에 놓인 두 개의 반원모양의 판을 이 입자가 반복하여 지나가게 되고 이때 두 판 사이의 고주파 전압에 의한 전위차에 의해 계속하여 가속된 후 입자 빔을 얻게 되는 것이다.

역대 과학분야 노벨상 수상자는 총 170명. 그 중 91명이 미국인(이중 국적자, 이민자 포함)이다.

지금까지 미국이 받은 과학 분야 노벨상 중 28개가 새로운 분석기술과 장비 개발에 해당된다. 이는 수소토치램프, 최초의 입자가속기인 18)사이클로트론, 레이저분광기, 핵자기공명장치 등이며, 100여 년 전에 개발된 분석 장비들이 지금까지 생명과학, 의학, 환경, 화학 등 과학의 원리를 밝히는 데 널리 활용되고 있다.

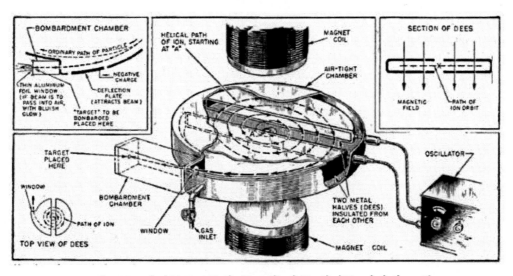

그림-23. 사이클로트론의 구조와 작동 원리를 나타낸 그림

---

18) 사이클로트론(cyclotron)은 고주파의 전극과 자기장을 사용하여 입자를 나선 모양으로 가속시키는 입자 가속기의 일종으로, 물리학 연구뿐만 아니라 방사선 치료 등에도 쓰인다. - 위키백과

이는 연구 인프라에 대한 정부의 적극적인 지원이 없었다면 불가능 한 것으로, 수많은 과학 분야 노벨상 수상자를 배출한 미국의 저력, 그 바탕에는 기초과학의 뿌리를 튼튼하게 다져주는 최첨단 분석 장비의 힘, 분석과학의 힘 이 존재하고 있다는 것을 알 수 있다.

6. 일본의 역대 노벨상 수상자들

6. 일본의 역대 노벨상 수상자들

가. 일본 역대 노벨상 수상자들

일본의 역대 노벨상 수상자들은 다음과 같다.

이름	수상 이유	수상 년도
요시노 아키라	리튬 이온 배터리 개발	2019
네기시 에이이치	팔라듐의 촉매 반응 개발	2010
스즈키 아키라		2010
시모무라 오사무	해파리에서의 녹색형광단백질 발견	2008
다나카 고이치	연성 레이저 이탈 기법을 통한 단백질 등 고분자 물질의 질량 측정 방법 개발	2002
노요리 료지	광학 이성질체 가운데 원하는 한 가지만 얻을 수 있는 광학활성촉매 개발과 광학합성물질 합성법의 산업화에 기여	2001
시라카와 히데키	플라스틱, 아세틸렌 중합체의 아이오딘 삽입을 통한 전기전도율 증가 발견과 개발	2000
후쿠이 겐이치	'궤도대칭성, 선택규칙, 반응'의 화학 반응 경로 이론 규명	1981

표-3. 화학상 수상자

이름	수상 이유	수상 년도
슈쿠로 마나베	기후 변화에 대한 신뢰성 있는 예측 모델 제시	2021
가지타 다카아키	중성미자가 질량이 있다는 것을 나타내는 중성미자 진동의 발견	2015
아카사키 이사무	고휘도 청색 발광 다이오드(청색 LED) 개발	2014
아마노 히로시		2014
나카무라 슈지		2014
고바야시 마코토	3세대 6가지 맛깔의 쿼크가 존재한다는 쿼크 섞임 이론을 통해 약력의 CP 위반을 설명	2008

이름	수상 이유	수상 년도
마스카와 도시히데		2008
난부 요이치로	자발 대칭 깨짐에 대한 선구적인 연구를 실시.	2008
고시바 마사토시	우주에서 날아온 중성미자와 X선의 첫 관측	2002
에사키 레오나	반도체 PN 접합에서 터널 효과 발견	1973
도모나가 신이치로	양자전기역학 분야 개척과 기본입자 성질 연구	1965
유카와 히데키	핵력에서의 중간자 존재를 예측한 유카와 퍼텐셜 이론 발표	1949

표-4. 물리학상 수상자

이름	수상 이유	수상 년도
혼조 다스쿠	음성적 면역 조절 억제를 통한 암치료법 발견	2018
오스미 요시노리	오토파지의 메커니즘을 발견	2016
오무라 사토시	선충의 기생에 의해서 일으키는 감염병에 대한 새로운 치료법 발견	2015
야마나카 신야	이미 성숙하고 분화된 세포를 미성숙한 세포로 역분화해 다시 모든 조직으로 발전시킬 수 있다는 사실을 발견 (유도만능줄기세포 개발)	2012
도네가와 스스무	다양한 항체 생성에 관한 유전학적 원칙 규명	1987

표-5. 생리학·의학상 수상자

이름	수상 이유	수상 년도
가즈오 이시구로	소설 <남아 있는 나날>	2017
오에 겐자부로	소설 <만연한 원년의 풋볼>	1994
가와바타 야스나리	소설 <설국>	1968

표-6. 문학상 수상자

이름	수상 이유	수상 년도
사토 에이사쿠	"핵무기를 만들지도, 갖지도, 반입하지도 않는다"는 비핵 3원칙의 주장	1974

표-7. 노벨 평화상

나. 노벨상 수상자들의 업적과 성과 소개[19)]

1) 화학분야 수상자

그림 25 요시노 아키라 교수

- 요시노 아키라(よしのあきら, 1948년 1월 30일~)는 일본의 화학자이며, 리튬-이온 배터리를 개발하여 화석연료 없는 친환경 무탄소 사회의 토대를 마련한 공로로, 2019년 존 구디너프 및 스탠리 위팅엄과 함께 노벨 화학상을 수상했다.

1948년 오사카부(大阪府) 스이타시(吹田市) 출생. 교토대학 공학부 석유화학과 학사(1970)와 석사(1972)를 졸업하고 화학 업체인 아사히 카세이(Asahi Kasei)에 입사했다. 1994년 리튬-이온 배터리 기술개발과장을 거쳐 1997년 사업추진 실장이 되었다.

---

19) 위키백과 참조

2003년 아사히 카세이 R&D 연구원 신분으로 2005년 오사카대학 공학박사 학위를 취득하고 요시노 연구소의 소장이 되었다. 일생의 대부분을 아사히 카세이 사(社) 샐러리맨 연구원으로 지냈다. 2019년 현재 아사히 카세이 명예 연구원이자 메이조대학 교수이다.

1981년 신사업 연구개발팀에서 재충전 배터리 연구에 매진하던 중 미국의 화학자 존 구디너프가 4볼트 전압의 배터리를 개발한 사실을 접했다. 리튬-이온 배터리는 음극(-)과 양극(+)의 두 전극 사이에 전자(e-)가 이동하여 화학에너지를 전기에너지로 변환시키는 장치인데, 구디너프 박사가 음극 소재로 사용한 금속 리튬 배터리는 폭발 위험성(쇼트 현상)으로 상용화가 어려웠다.

1985년 요시노 박사는 반응성이 높은 리튬 금속 대신에 리튬 이온을 삽입할 수 있는 탄소 재료인 석유 코크스(petroleum cokes)로 대체하였다. 또, 음극 소재는 석유 코크스로, 양극 소재는 구디너프 박사가 사용한 리튬코발트산화물(Lithium cobalt oxide, LiCoO2)로 리튬-이온 배터리를 개발해 특허를 취득했다. 이는 1991 AT&T 배터리(아사히 카세이 합작투자회사)가 대량 생산하여 소니에서 출시한 세계 최초의 상용 리튬-이온 배터리(LiB)로 이어졌다.

요시노 박사는 재충전 배터리 개발 역사의 계보를 잇는 위팅엄 및 구디너프와 함께 2019년 노벨 화학상을 수상했다. 휴대전화, 노트북, 전동 공구, 디지털 카메라 등의 소형 전자기기와 태양광 및 풍력 발전을 위한 재생에너지에 필수적이며 전기 자동차의 배터리로 각광받는다. 노벨위원회는 화석연료 없는 깨끗한 무선 사회의 토대를 마련해 인류에게 혜택을 주었다고 평가했다.

그밖에 2011년 일본 재료과학기술진흥재단의 야마자키 데이이치상, 2014년 찰스 스타크 드레이퍼(Charles Stark Draper)상, 2018년 일본국제상, 2019년 유럽 발명가상, 2019년 일본문화훈장 등을 받았다.

그림-26. 네기시 에이이치 교수

− 네기시 에이이치(根岸 英一, 1935년 7월 14일 ~)는 일본의 화학자이며, 퍼듀 대학교 소속의 특별 교수이자 화학자이다(H.C. Brown Distinguished Professor of Chemistry). 2010년에 팔라듐의 촉매교차결합 연구로 리처드 헤크, 스즈키 아키라와 함께 2010년 노벨 화학상을 받았다.

에이이치 교수는 1935년에 만주국 신징(현재의 중화인민공화국 지린 성 창춘 시)에서 태어나 일제 강점기 시대의 한국 경성부 성동구(현재의 대한민국 서울특별시 성동구)에서 자랐다.

1958년 도쿄 대학 공학부 응용화학과를 졸업했으며 도쿄 대학 공학부 출신자로서는 최초의 노벨상 수상자이다. 도쿄 대학을 졸업한 후 테이진에 입사했으며, 그 후 테이진을 휴직하고 풀브라이트 장학생으로서 미국으로 건너가 펜실베이니아 대학교의 박사 과정에 입학, 1963년에 박사 학위(Ph.D.)를 취득했다.

박사 학위 취득 후 1966년에 테이진을 퇴직한 뒤 퍼듀 대학교 박사연구원이 되었다. 1968년에 퍼듀 대학교 조교수, 1972년 시러큐스 대학교 조교수로 부임해 테이진을 정식으로 퇴직하였으며, 1976년 시러큐스 대학교 준교수로 승진했고 1979년에는 브라운 교수의 초청으로 퍼듀 대학교로 자리를 옮겨 교수로 부임했다. 1999년부터 퍼듀 대학교 허버트 C. 브라운 화학연구실 특별 교수의 직위에 있다.

2011년에 모교인 펜실베이니아 대학교에서 명예 박사 학위(Doctor of Science)를 수여받았고 또한 옛 직장이었던 테이진에서 '테이진 그룹 명예 특별 연구원'으로 초빙돼 정식 부임하였다. 더 나아가 독립행정법인 과학기술진흥기구의 총괄연구주감으로 발탁되어 과학기술진흥기구가 일본에서의 활동 거점으로 자리 잡고 있다.

유기 아연 화합물과 유기 할로겐 화합물을 팔라듐 또는 니켈 촉매 하에서 축합하여 C-C결합 생성물을 얻는 '네기시 반응'을 발견하였으며, 또한 유기 알루미늄 화합물, 유기 지르코늄 화합물을 크로스 커플링에 이용할 수 있다는 것도 최초로 발견하였다.

이러한 네기시 반응에서는 아연상의 유기기는 아릴, 알케닐, 알키닐기 등 유기할로겐화합물은 할로겐화아릴, 알케닐, 알릴 등이 주로 쓰인다. 촉매로는 오직 테트라키스(트리페닐포스핀)팔라듐 등의 팔라듐 촉매가 쓰인다.

그림-27. 팔라듐

유기아연화합물은 유기할로겐화합물과 활성화시킨 아연과의 산화적 부가, 지아르킬 아연이나 할로겐화 아연을 이용한 트랜스메탈화에 의해 관능기를 갖는 것도 조제할 수 있으므로 크로스 커플링 반응 중에서도 기질의 적용 범위가 비교적 넓다.

또한 유기아연화합물이 일정한 반응을 지니므로 염기나 친핵체와 같은 첨가물이나 가열은 필요로 하지 않다는 특징이 있다.

네기시 반응의 반응 기구는 팔라듐을 촉매로 하는 다른 크로스 커플링 반응과 동일하다. 먼저 유기할로겐화합물 R'-Y의 C-X 결합에 Pd(0)가 산화적 부가하여

R'-Pd(II)-Y가 되고, 이어서 유기아연화합물 R-ZnX와의 사이에 트랜스메탈화에 따라 R'-Pd(II)-R이 생성된 후에 환원적 이탈이 일어나 R-R'이 생성, 동시에 Pd(0)가 재생된다.

이러한 업적에 의해 스즈키 아키라, 리처드 헤크와 함께 2010년 10월 6일에 노벨 화학상을 수상하였다.

- 스즈키 아키라(일본어: 鈴木 章, 1930년 9월 12일 ~)는 일본의 화학자로 1979년에 방향족 화합물의 합성법으로서 자주 이용되는 반응의 하나인 '스즈키·미야우라 반응'을 발표, 금속의 팔라듐을 촉매로서 탄소끼리를 효율적으로 연결하는 획기적인 합성법을 개발한 공로를 인정받아 2010년에 노벨 화학상을 수상하였다.

스즈키 커플링은 팔라듐을 촉매로 하여 유기 할로겐 화합물과 유기 붕소 화합물을 효율적으로 결합시키는 유기 화학 반응이다. 그는 과거에 "탄소-탄소 결합의 수율이 낮고, 비효율적이었던 것에서 연구를 시작, 팔라듐을 촉매로 염기를 가하는 방법을 고안해냈다"고 설명했다.

1988년 5월 영국 웨일스 대학교의 초빙교수로 부임한바 있고, 1994년 3월에 홋카이도 대학을 정년 퇴임하였다. 2004년 3월 12일에 '팔라듐 촉매를 활용하는 새로운 유기 합성 반응의 연구'에 관한 공헌을 인정받아 일본 학사원상을 수상하였고, 2010년 10월 6일 노벨 화학상을 공동 수상하였다.

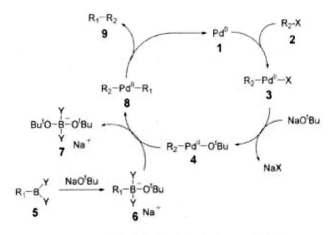

그림-28. 스즈키·미야우라 반응의 촉매 사이클

 팔라듐 촉매를 이용해 유기 할로겐화합물과 유기붕소화합물을 연결시키는 '스즈키·
미야우라 반응'을 발견하였다. 이 기술은 ARB(AngiotensinII Receptor Blocker, 안
지오텐신 II 수용체 길항약)라는 타입의 고혈압제나 항암제 등의 의약품, 살균제 등
의 농약, 그리고 텔레비전·휴대 전화·개인용 컴퓨터 화면의 액정 제조, 유기 발광
다이오드 등 유기 전도성 재료의 개발·제조에 활용되는 등 유기합성화학이나 재료
공학 등 광범위한 분야에서 큰 영향을 주었다.

 그는 이 기술의 특허를 취득하지 않았고, 응용 제품이 다수 실용화 되었으며 현재
관련 논문이나 특허는 6,000건을 넘어가고 있다.

그림-29. 시모무라 오사무

- 시모무라 오사무(下村 脩, 1928년 8월 27일 ~)는 일본의 화학자, 해양생물학자로, 나고야 대학에서 유기화학 전공으로 박사학위를 받았으며 현재 매사추세츠 주 우즈홀에 위치한 해양생물연구소와 보스턴 대학교 의학전문학교의 명예교수로 있다. 2008년 해파리에서 녹색형광단백질을 발견하고 발전시킨 공로로 마틴 챌피와 로저 첸과 공동으로 노벨 화학상을 수상하였다.

 1928년 교토 부 후쿠치야마 시(京都府 福知山市)에서 태어났으며, 나가사키 대학에서 유기 화학 생물 발광의 연구를 시작하였다. 나고야 대학 이학부의 연구생으로서 재학 중이던 1960년에 히라타 요시마사(平田義正) 교수의 연구실에서 박사 학위를 취득한 후 나고야 대학 이학부에서 갯반디(ウミホタル)의 발광 단백질인 루시페린의 결정화의 성공하게 된다.

 1960년, 풀브라이트 유학생으로서 미국으로 건너가 프린스턴 대학교, 보스턴 대학교, 우즈 홀 해양생물학 연구소(MBL) 등에 있으면서 갯반디, 해파리(オワンクラゲ)등 발광 생물의 발광 메카니즘을 차례차례 해명하게 되며, 2008년 「녹색 형광 단백질(GFP) 의 발견과 개발」 에 의해서 마틴 챌피와 로저 첸과 함께 노벨 화학상을 수상하였다.

그림-30. 다나카 고이치

- **다나카 고이치**(일본어: 田中 耕一, 1959년 8월 3일 ~)는 일본의 화학자이자 엔지니어로 연성 레이저 이탈 기법으로 단백질 같은 고분자 물질의 질량을 순간적으로 측정할 수 있는 획기적인 방법을 개발하여, 쿠르트 뷔트리히, 존 펜 등과 함께 2002년에 노벨 화학상을 수상하였다.

1959년에 도야마 현 도야마 시에서 태어났다. 출생 1개월 만에 친어머니가 병으로 사망했기 때문에 숙부의 집에서 자랐으며 그 후 숙부의 집에 양자로 들어갔다. 형제는 형 두 명과 누나가 있다. 도야마 시립 하치닌마치 초등학교(현재의 도야마 시립 시바조노 초등학교), 도야마 시립 시바조노 중학교와 도야마 현립 도야마추부 고등학교를 졸업하였다.

2002년에 '생체고분자의 구조적 분석과 동정을 위한 방법론의 개발'을 연구한 공로로 노벨 화학상을 수상하였다. 도호쿠 대학에서 학사만 마치고 1983년 시마즈 제작소에 입사하여 평범한 엔지니어로 근무하다가 노벨상을 수상하게 되면서 세간에 많은 관심을 받았으며, 노벨상 과학 분야 수상자 중 유일하게 대학원 경력이 없는 학사출신이다.

개발 경위가 흥미롭다. 1985년 2월, 비타민 B12(분자량 1350)의 질량 측정을 준비하고 있던 다나카는 늘 사용하던 아세톤 대신 실수로 글리세린을 시료에 섞어 버렸다. 잘못한 것을 알았지만 그냥 버리기 아까워 레이저를 조사하여 글리세린을 증발시키기로 했다. 그런데 놀랍게도, 비타민 B12가 이온화되었던 것이다.

실수로 글리세린 용액을 코발트 미세 분말에 떨어뜨린 뒤 비싼 코발트가 아까워 시약으로 썼고 결국 이 시도가 단백질의 구조를 밝혀내는 계기가 된 것이다. 다나카는 실수에서 얻어진 결과를 놓치지 않고 실험을 거듭했고, 결국 레이저를 이용하여 고분자 단백질의 종류와 양을 효과적으로 분석할 수 있는 기법을 개발하는 데 성공했다. 그는 이 결과를 1987년에 발표했고, 이는 미국 존스 홉킨스 대학의 로버트 코터(Robert J. Cotter)를 통해 국제적으로 알려졌다. 이렇게 평범한 회사원의 연구가 노벨상 수상으로 이어졌다.

그림-31. 노요리 료지

- 노요리 료지(일본어: 野依 良治, 1938년 9월 3일 ~)는 일본의 화학자(유기화학)로, 일본 학사원 회원, 국립연구개발법인 과학기술진흥기구 연구개발전략센터장, 나고야 대학 특임교수, 메이조 대학 객원교수, 다카사고 향료공업 주식회사 이사, 나고야 대학 대학원 이학연구과 연구과장, 이학부 학부장, 물질 과학 국제 연구 센터장, 독립행정법인 이화학연구소 이사장 등을 역임하였다. 2001년에 '카이랄성을 갖고 촉매되는 수소 첨가 반응에 대한 연구'에 의한 공로로 노벨 화학상을 수상하였다.

1938년 9월, 효고 현 무코 군 세이도 촌(현재의 아시야 시)에서 노요리 가네키·노요리 스즈코의 장남으로 태어났다. 1945년에 종전을 맞아 피난했던 곳에서 고베의 롯코로 되돌아와서 효고 사범학교 남자부 부속초등학교(현재의 고베 대학 부속 스미요시 초등학교)에 입학하였으며, 1951년 4월 사립 나다 중학교에 입학하였다. 그 후 나다 고등학교를 거쳐 1957년 4월에 교토 대학 공학부에 진학, 1961년 3월에 교토 대학 공학부 공업화학과를 졸업하였고 2년 뒤인 1963년 3월에 교토 대학 대학원에서 공학연구과 공업화학 전공으로 석사과정을 수료하였으며, 1967년 9월에 공학박사 학위를 취득하였다.

　스웨덴 과학원은 놀즈 박사와 노요리 교수팀이 수상업적의 절반을 차지했으며 나머지 절반은 샤플리스 박사에게 돌아갔다고 덧붙였다.

　스웨덴 과학원은 올해 노벨화학상 수상자들은 화학반응에서 광학 이성질체 가운데 하나만 합성할 수 있는 광학활성 촉매를 개발함으로 새로운 성질을 가진 분자와 물질을 개발할 수 있는 완전히 새로운 분야를 창출했다고 평가했다.

　천연 또는 합성 분자 중 상당수는 오른손과 왼손처럼 거울에 비쳤을 때는 똑같은 것처럼 보이지만 두 개를 포개려면 절대 겹쳐지지 않는 구조(광학 이성질체)를 갖고 있고 화학반응에서도 두 가지가 동시에 생성되는 경우가 대부분이다.

　인체 세포 등 자연계에서는 보통 두 가지 광학 이성질체가 모두 존재하지만 한 가지가 월등히 많으며 의약물질의 경우도 합성할 때 대부분 광학 이성질체 관계의 두 가지가 모두 만들어진다.

　그러나 문제는 이런 광학 이성질체 중 하나는 인체에 해가 없고 질병 치료효과도 좋지만 다른 하나는 생명을 위협할 만큼 해로울 수 있다는 점이다.

　특히 광학 이성질체인 두 분자는 구성 원자와 분자구조, 특성 등이 매우 흡사해 정제하기 어렵기 때문에 합성할 때 원하는 한가지만 만드는 방법을 개발하는 것은 화학계의 오랜 숙원이었다.

놀즈 박사는 몬산토사 연구원 시절인 1968년 전이금속을 이용해 광학 이성질체중 원하는 한가지만 만들 수 있는 광학활성 촉매를 개발, 현재 파킨슨병 치료제로 쓰이는 `L-도파(L-Dopa)' 합성의 토대를 마련했다.

일본 나고야대학의 노요리 교수는 1980년 놀즈 박사의 연구를 한층 확대, 발전시켜 광학활성 물질 합성법을 산업화시키는데 크게 기여했다.[20]

그림-32. 시라카와 히데키

- 시라카와 히데키(일본어: 白川 英樹, 1936년 8월 20일 ~)는 일본의 화학자로, 도쿄 공업대학 공학박사, 쓰쿠바 대학 명예교수, 일본 학사원 회원이며 2000년에 '전도성 고분자의 발견'에 의한 공로로 앨런 J. 히거, 앨런 맥더미드와 함께 노벨 화학상을 수상하였다.

일정한 구조를 가진 분자가 반복되는 고분자(폴리머)로 이뤄진 플라스틱은 일반적으로 전기가 잘 통하지 않는 것으로 알려져 왔다. 이 때문에 흔히 플라스틱 재료를 전자 소재로 사용할 경우, 전기를 흐르지 않게 하는 성질을 이용한 것이 대부분이었다. 주변에서 흔히 볼 수 있는 전자제품에 사용되는 다양한 케이스, 전선의 피복면, 반도체 부품의 패키징(packaging) 재료가 이런 범주에 속한다.

20) 2001. 10. 11. 오마이뉴스 참조

이런 전통적인 관점에서 볼 때, 플라스틱 재료도 전기가 통할 수 있다는 사실을 보여준 전도성 고분자의 출현은 매우 획기적인 것이다.

전도성 고분자는 1967년 일본의 히데키 시라카와(Hideki Shirakawa) 교수팀이 우연한 계기로 폴리아세틸렌이라는 플라스틱을 합성한 것이 시초다. 실제로 이 연구팀의 한 한국인 박사가 처음으로 폴리아세틸렌을 필름형태로 만들었다고 한다.

또한 1976년 겨울 미국 펜실베이니아대의 앨런 히거(Alan J. Heeger) 교수와 앨런 맥디아미드(Alan G. MacDiarmid) 교수 연구팀이 당시 객원교수로 이곳을 방문 중이던 시라카와 교수와 함께 전도성 고분자를 연구하게 됐다.

그림-33. 폴리아 세틸렌 분자 구조

연구 결과 이들은 폴리아세틸렌 필름에 불순물을 화학적으로 첨가하면 전기전도도가 급격하게 증가해 금속의 전도도에 가까운 높은 값을 보인다는 사실을 발견했다. 이런 발견은 그후 많은 연구자들이 전도성 고분자를 개발하고 특성을 이해하기 위한 연구의 근본이 됐다.

시라카와 히데키는 1936년 도쿄 부에서 태어났다. 아버지 일 때문에 3~4살 경에 타이완으로 건너간 후 다시 만주로 이사하면서 랴오양, 안산, 창강자 등 여러 곳에서 유년시절을 보냈다. 자연이 풍요로운 다카야마에서 곤충채집을 취미삼아 하였으며, 고등학교 시절에는 진공관 라디오의 제작이나 풀과 꽃에도 흥미를 보였다. 이 때문인지 화학이나 전기공학, 농예화학 등을 대학에서 공부하고 싶어 하였으며, 특히 플라스틱 연구를 강한 흥미를 보였다.

2000년 3월에 쓰쿠바 대학을 정년 퇴임하였으며, 10월 10일에 신문사에서 처음 문의가 들어온 데 이어 그후 10월 18일에 노벨 재단으로부터 정식 연락을 받고 히거, 맥더미드와 함께 노벨 화학상을 공동 수상했다. 일본에서 구 제국대학이 아닌 대학 출신자로는 최초로 노벨상 수상자가 되었다.

그림-34. 후쿠이 겐이치

- **후쿠이 겐이치**(일본어: 福井 謙一, 1918년 10월 4일 ~ 1998년 1월 9일)는 일본의 화학자로 나라 현 나라 시 출신으로 오사카 시 니시나리 구로 옮겨와 자랐다. 교토 대학과 교토 공예섬유대학에서 명예교수를 역임했고 일본 학사원 회원, 로마 교황청 과학 아카데미 회원, 미국 과학 아카데미 외국인 객원 회원이었으며, 1981년에 '화학 반응 과정의 이론적 연구'에 의한 공로로 로알드 호프만과 함께 노벨 화학상을 수상하였다.

후쿠이 겐이치는 교토왕립대학교에서 산업화학을 전공하고 1943년 동 대학교 연료화학과에서 강의를 시작했다. 1951년에 동 대학의 교수로 임명되었고 실험유기화학분야에서 화학반응이론을 연구했다.

1988년 이후 일본 교토대학교의 교수로 있었다. 그는 화학 반응 과정과 관련한 이론의 개발로 1981년 로알드 호프만과 함께 노벨 화학상을 수상했다. 물질의 원자적 구조가 화학적으로 변환되는 것은 수 억년 동안 지구상에서 진행되어왔고, 이 변환들, 즉 반응들은 지구 발달 드라마의 일 부분을 담당하고 있다. 지구상의 생물체를 위한 선결 조건 중의 하나는 화학적 반응이 자연법칙에 의해서 통제되어야 한다는 것이다.

수천 년간 인류는 음식과 음료를 마련하고 연장과 의복을 만들며 질병과 싸우기 위해서, 자신이 속한 환경을 정복하기 위해 화학적 변환과정을 이용해 왔다. 처음에는 이러한 화학적 변환과정의 활용이 우리의 실생활 속에서 우연히 이루어진 발견만으로도 진행될 수 있었으나, 우리의 경험적 지식의 양이 늘고 화학 반응을 의식적, 체계적으로 이용하기 위해서 이론적 개념이 필요하게 되었다.

후쿠이 겐이치와 로알드 호프만의 연구는 이렇게 지속된 이론적 개념의 연쇄 발달 과정을 연결시키는 것으로서 화학반응에 대한 우리의 이해를 증가시켰다.

2) 물리학상 수상자

그림 35 슈쿠로 마나베

- 슈쿠로 마나베(Syukuro Manabe, 1931년 9월 21일 ~)는 하셀만과 함께 지구의 기후를 물리적으로 분석하는 모델을 개발해 실시간 달라지는 기후를 정량화하여 안정적으로 지구온난화를 예측하였고, 인간에 의한 이산화탄소 배출이 대기의 온도 상승에 영향을 미친다는 사실을 증명했다. 마나베는 1960년대에 온실가스 증가에 따른 대기 변화를 예측하는 3차원 기후모델을 최초로 만들었다. 하셀만은 마나베의 이론을 적용하여 해양의 기후시스템을 분석하는 모델을 개발했다. 이들의 연구는 기후에 대한 인류의 지식이 철저한 분석에 기반한 과학에 바탕을 둔다는 점을 보여주었다.

2021년 복잡한 물리적 시스템에 대한 연구를 수행한 공로로 일본 출신의 슈쿠로 마나베(Syukuro Manabe), 독일의 클라우스 하셀만(Klaus Hasselmann), 이탈리아의 조르조 파리시(Giorgio Parisi) 등 3명이 공동 수상자로 선정되었다.[21]

---

21) 위키백과 '슈쿠로 마나베'

그림-36. 가지타 다카아키

- 가지타 다카아키(일본어: 梶田 隆章, 1959년 3월 9일 ~)는 일본의 물리학자이자 천문학자이다. 사이타마 현 히가시마쓰야마 시 출신으로 도쿄 대학 특별영예교수, 도쿄 대학 우주선연구소장·교수 겸 동 연구소 부속 우주 중성미자 관측 정보 융합 센터장, 우주 물리 수학 연구소 주임연구원, 도쿄 이과대학 이공학부 물리학과 비상근 강사로 재직하였다.

2015년에 중성미자 진동 현상을 발견한 공로로 아서 B. 맥도널드와 함께 노벨 물리학상을 수상하였다. 1959년 3월 9일, 사이타마 현 히가시마쓰야마 시의 농가에서 태어났으며, 유년 시절부터 자연에 흥미가 있던 것은 아니었지만 독서를 좋아하였다.

암기보다 생각하는 공부를 좋아하였으며, 고등학교 수업에서는 물리, 생물, 세계사, 일본사 등에 흥미를 보였다. 사이타마 대학에서 물리학을 전공하여 소립자에 대한 흥미를 갖고 대학원에 진학하여 연구에만 몰두하게 되었다.

중성미자 연구를 시작한 것은 도쿄 대학 이학부 부속 소립자물리국제연구센터 조수가 된 직후인 1986년이다. 중성미자의 관측 수가 이론적 예측과 비교하여 크게 부족하다는 것을 느끼면서 그것이 22)중성미자 진동에 의한 것이라고 추측하였고, 이를 증명하기 위해 기후 현 가미오카 정(현재의 히다 시)에 있는 중성미자 관측 장치인 카미오칸데를 이용해서 관측을 시작하였다.

관측 시작 후 보다 큰 데이터의 필요성을 느끼게 되었다, 이로 인해 카미오칸데보다 용적이 15배나 큰 슈퍼 카미오칸데가 1996년에 완성되자 1996년부터 슈퍼 카미오칸데로 대기 중성미자를 관측하기 시작, 중성미자가 질량을 가지고 있다는 것을 확인하고 1998년에 중성미자 물리학·우주물리학 국제 회의에서 발표하였다.

그 시기 아서 맥도널드 캐나다 퀸즈대 명예교수가 이끈 연구팀은 태양에서 날아온 중성미자가 지구에서 사라지지 않는다는 사실을 증명했다. 중성미자는 지구에 도달할 때 소멸되지 않고 캐나다의 서드버리 중성미자 관측소에서 다른 상태로 변환된 채 검출됐다.

그렇게 물리학자들이 수십 년간 씨름해왔던 중성미자를 둘러싼 퍼즐이 풀리게 됐다. 이론적으로 계산한 중성미자 수와 실제로 지구에서 관측된 중성미자 수를 비교한 결과, 중성미자는 전체의 3분의 2가 사라진 것으로 나타났다. 이로써 가지타 교수와 아서 교수의 두 실험이 중성미자가 자신의 상태를 변환한다는 사실을 밝혀낸 것이다.

이 발견으로 우리는 오랫동안 질량이 없는 것으로 간주했던 중성미자가 매우 적은 양이지만 질량을 갖고 있다는 사실을 알게 됐고, 향후 우주를 바라보는 우리의 관점에 지대한 영향을 끼친 결론에 다다랐다.

입자물리학 분야에서 이 발견은 역사적인 사건이었다. 과학자들은 20년이 넘는 기간 동안 물질을 구성하는 입자와 이들 사이의 상호작용을 밝힌 현대 입자물리학의

---

22) 중성미자 진동이란 중성미자가 도중에 다른 종류의 중성미자로 변화하는 현상으로, 중성미자에 질량이 있다는 것을 증명한 것이다.

표준모형(Standard Model)을 증명하기 위해 끊임없이 실험해 왔다.

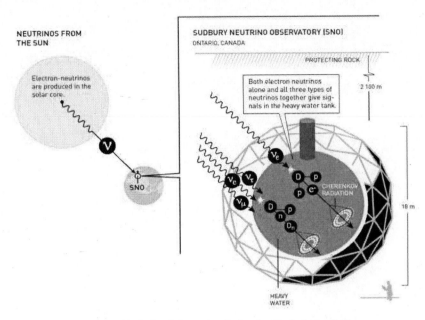

그림-37. 서드버리 중성미자 관측소와 태양 발 중성미자 탐지

하지만 표준모형이 성립하기 위해서는 중성미자가 질량을 갖고 있지 않아야만 했습다. 결국 두 과학자의 새로운 발견으로, 표준모형은 우주를 이루는 기본적인 구성성분을 설명하는 완벽한 이론이 될 수 없다는 사실이 명백히 밝혀진 것이다.

노벨 물리학상을 받은 이 발견은 그동안 감춰져 있던 중성미자 세계에 대한 모든 것을 이해할 수 있도록 해 주는 중대한 통찰력을 제공해줬다. 빛을 이루는 입자인 광자 다음으로 중성미자는 우주 공간에 가장 많은 것으로 알려져 있다. 지구는 끊임없이 중성미자 입자들의 폭격을 받고 있는 것이나 마찬가지이다.

중성미자는 대부분 우주 복사와 지구를 둘러싼 대기 사이의 반응에 의해 생성되고, 일부는 태양 내부에서 핵반응에 의해 생성된다. 수 조 개의 중성미자는 매초 우리 몸속을 통과해 흐르고 있다. 중성미자는 자연에서 가장 찾기 힘든, 가장 작은 입자이기 때문에 그 흐름을 막을 수 있는 것은 없다.

지금까지도 중성미자를 포획하고 그 물리적 특성을 분석하기 위해 실험은 계속되고 있으며, 세계적으로 활발한 연구 활동이 진행되고 있다. 중성미자의 감춰진 비밀에 대한 새로운 발견들은 우주의 역사와 구조, 그리고 앞으로 다가올 미래의 운명에 대해 우리가 갖고 있는 현재의 이해 방식을 바꿔놓을 것이다.

2015년 '중성미자가 질량을 가지고 있다는 것을 증명하는 중성미자 진동의 발견'을 통해 아서 B. 맥도널드와 함께 노벨 물리학상을 수상하였다. 같은 해 노벨 생리학·의학상을 수상한 오무라 사토시와 함께 문화훈장을 받았다.

그림-38. 아카사키 이사무　　　그림-39. 아마노 히로시　　　그림-40. 나카무라 슈지

- 아카사키 이사무(일본어: 赤﨑 勇, 1929년 1월 30일 ~)는 일본의 공학자이며, 2014년 노벨 물리학상 수상자이다. 1929년 1월 30일 일본 가고시마 현 가와베 군 지란 정에서 태어났다. 교토 대학 이학부 화학과에서 학사과정을 밟았으며, 고휘도 청색 발광 다이오드(청색 LED)개발로 2014년 노벨 물리학상을 공동 수상하였다. 기타 수상내역은 교토상 첨단기술 부문(2009년), 에디슨 메달 (2011년) 등이 있다.

- 아마노 히로시(일본어: 天野 浩, 1960년 9월 11일 ~)는 일본의 전자공학자로, 아카사키 이사무와 함께 세계 최초의 청색 발광 다이오드(청색 LED)의 개발에 성공한 공로로 2014년에 아카사키 이사무, 나카무라 슈지와 함께 노벨 물리학상을 수상하였다.

- 나카무라 슈지(일본어: 中村 修二, 1954년 5월 22일 ~)는 일본에서 태어난 미국 국적의 기술자, 전자공학자이다. 학위는 공학박사(도쿠시마 대학, 1994년)이며 2014년도 노벨 물리학상 수상자이다.

니치아 화학공업에서 근무할 당시에 실용적으로 제공하는 수준의 고휘도 청색 발광 다이오드를 발명·개발하여 니치아 화학공업의 청색 LED 제품화에 큰 기여를 하는 것과 동시에 아카사키 이사무, 아마노 히로시와 함께 2014년에 노벨 물리학상을 수상하였다. 또한 청색 발광 다이오드 기술의 특허 대가를 요구한 일명 '404 특허'라는 법적 소송으로도 유명하다.

2000년에 캘리포니아 대학교 샌타바버라 캠퍼스(UCSB) 재료물성공학과 교수로 부임하였고 동 대학에서 고체 조명·에너지 전자공학센터 디렉터를 맡아 2007년에 세계 최초로 무극성 청색반도체 레이저 개발에 성공하였다. 이 외에도 과학 기술 진흥 기구의 'ERATO 나카무라 불균일 결정 프로젝트'의 연구를 총괄하면서 도쿄이과대학의 질화물 반도체에 의한 광촉매 디바이스의 개발에도 공헌하였고, 신슈 대학, 에히메 대학, 도쿄 농공대학 등에서 객원교수를 역임한 경력이 있다.

세 과학자가 1990년대 초 일본에서 반도체를 이용해 밝은 청색광을 만든 것은 관련 학계와 조명 산업계가 수십년 동안 풀지 못한 과제를 해결한 쾌거로 꼽힌다.

LED를 이용해 효율성 높은 백색광을 생산하려면 적색과 녹색, 청색 LED가 필요하지만 1950~1960년대 개발된 적색, 녹색 LED와 달리 청색 LED를 개발하려는 전 세계의 연구는 1990년대 초까지 실패를 거듭했다.

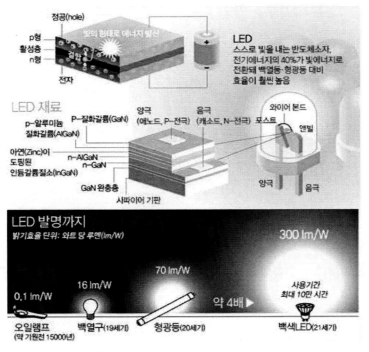

그림-41. 청색 발광다이오드 원리

과학계와 산업계가 청색 LED 개발에 매달린 것은 적·녹·청 LED가 만들어내는 백색광 LED가 기존 백열등이나 형광등보다 에너지 효율성이 월등히 높고 사용 기간이 길어 친환경적이기 때문이다.

백색광 LED가 내는 단위 전력당 빛은 백열등보다 18배 이상, 형광등보다 4배 이상 밝다. 또 LED 조명은 사용 기간이 최대 10만 시간으로 1천 시간에 불과한 백열등이나 10만 시간인 형광등보다 월등히 길다.

노벨위원회는 "수상자들의 발명은 혁명적이었다"며 "백열등이 20세기를 밝혀줬다면 21세기는 LED 램프가 밝혀줄 것"이라고 말했다.

노벨위원회는 수상자들의 연구 업적에 대해 "LED 램프의 등장으로 기존의 광원보다 더 오래 사용할 수 있고 더 효율적인 대안을 갖게 됐다"며 "이들이 조명기술에 근본적인 변화를 촉발했다"고 평가했다.

그림-42. 마스카와 도시히데   그림-43. 고바야시 마코토   그림-44. 난부 요이치로

- 고바야시 마코토(일본어: 小林 誠, 1944년 4월 7일 ~)는 일본의 이론물리학자로, 자연계에 3세대 6가지 맛깔의 쿼크가 존재한다는 이론을 통해 약력에서의 CP 위반을 설명한 공로로 난부 요이치로, 마스카와 도시히데와 함께 2008년 노벨 물리학상을 수상하였다.

- 마스카와 도시히데(일본어: 益川 敏英, 1940년 2월 7일 ~)는 일본의 이론 물리학자로, 아이치 현 나고야 시에서 태어나 나고야 대학의 사카타 쇼이치 교수 연구실에 소속되어 박사 학위를 취득하였다. 교토 대학의 조수로 있던 1973년, 같은 나고야 대학의 사카다 교수 연구실 후배였던 고바야시 마코토와 함께 보손과 쿼크의 약한 상호작용에 관한 카비보-고바야시-마스카와 행렬을 도입하였고, 2008년, 고바야시 마코토, 난부 요이치로 등과 함께 노벨 물리학상을 수상하였다.

- 난부 요이치로(영어: Yoichiro Nambu, 일본어: 南部 陽一郎, 1921년 1월 18일 2015년 7월 5일)는 일본 후쿠이 현에서 태어난 미국의 물리학자이다. 입자물리학에서 자발 대칭 깨짐을 발견한 공로로 노벨 물리학상을 수상했다.

일본 도쿄 부에서 태어나 2살 때 후쿠이 현 후쿠이 시에 이사했다. 1970년에 미국에 귀화했으며, 2008년에 시카고 대학교 물리학과 페르미 국립 가속기 연구소 명예 교수, 오사카 시립 대학의 명예 교수로 재직했다. 후쿠이 시 명예 시민 등의 칭호도 가지고 있다.

1960년대에 양자색역학과 힉스 보존에 대한 선구적인 연구를 실시한 것 외에, 끈 이론의 창시자의 한 명으로도 알려져 있다. 1961년에 응집물질물리학의 BCS이론에 영향을 받아 입자물리학에서의 자발 대칭 깨짐을 설명한 모형을 발표하였고, 1970년 고토 데쓰오(일본어: 後藤鉄男)와 함께 강력을 설명하기 위해 난부-고토 끈 이론을 제안하였지만 당시에는 올바르지 않은 것으로 생각되었다.

하지만 이후 초대칭성을 더한 끈 이론(초끈이론)에서 다시 난부-고토 모형이 기본적인 보존 끈의 작용으로 인정받게 되었다. 1978년 문화 훈장, 1982년에는 미국 국가 과학상을 수상하였다. 그리고 2008년에 자발 대칭 깨짐에 대한 업적으로 노벨 물리학상을 수상했다.

세 명의 수상자들은 모두 원자핵보다 작은 세계인 소립자의 대칭성을 연구해 수상의 영예를 안았다. 137억년 전 대폭발로 우주가 탄생했을 때 세상은 물질과 반(反)물질, 입자와 반입자가 똑같이 존재하면서 서로 충돌해 빛을 내며 소멸하고 있었다. 이런 대칭성이 깨지면서 반물질, 반입자가 물질과 입자보다 빨리 사라졌고, 그 결과 현재의 우주가 존재하게 됐다.

난부 교수는 아무런 에너지가 없는 진공 상태에서도 물리적 대칭이 깨질 수 있다는 이론을 제시했다. 서울대 물리학부 김수봉 교수는 "양팔저울에 아무 것도 없으면 저울이 균형을 이룰 것 같지만 소립자 세계에서는 그렇지 않다는 이론을 제시한 것"이라며 "난부 교수의 이론은 훗날 전기력·중력·약력·강력 등 자연계의 4대 힘을 하나로 묶는 통일장 이론의 길잡이 역할을 했다"고 말했다.

고바야시·마스카와 교수는 1972년 소립자 세계의 공간 대칭이 깨지면 물질을 이루는 근본 입자인 쿼크가 2개 더 존재해야 한다는 이론을 발표했다. 두 교수의 예견은 2001년 미국과 일본에서 각각 진행된 실험을 통해 최종 확인됐다.

고바야시와 마스카와는 일본 나고야대학 선후배 지간으로 졸업후 교토대 이학부에서 연구활동을 계속하던 1973년 우주공간에 존재하는 반물질의 양이 극히 적은 까닭은 물질과 반물질의 성질이 미묘하게 다른 까닭이란 가설을 내놓았다.

이른바 '고바야시.마스카와 이론'으로 불린 이 가설은 현재 6종 3류가 있는 것으로 가정된 쿼크(quark) 각각이 가진 방사성 붕괴에 관여하는 약한 상호작용(약력)에 차이가 있다고 가정한다.

물질과 반물질이 만날 경우 광자(빛입자)를 내놓으며 함께 소멸하는데 이러한 미세한 차이 때문에 완전한 1대1 소멸이 이뤄지지 않는다는 것이다. 따라서 빅뱅 당시 동일한 양의 물질과 반물질이 생성됐음에도 불구, 결국 물질만 남은 우주가 탄생하게 됐다는 설명이 가능해진다.

그림-45. 고시바 마사토시

- 고시바 마사토시(일본어: 小柴 昌俊, 1926년 9월 19일 ~)는 일본의 물리학자이다. '천체물리학 개척에 관한 공헌, 특히 우주 중성미자의 검출'에 대한 선구자적 공로를 인정받아 2002년에 노벨 물리학상을 받았다. 특히 뉴트리노와 X선은 우주와 천체의 생성 비밀을 풀 수 있는 중요한 요소로 이에 대한 연구로 고시바 교수는 '우주로 향하는 새 창을 열었다'는 평가를 받았다. 2004년에는 '고(高) 에너지 가속기 과학 장려회'가 고시바상을 제정하여 시상하고 있다.

 그의 필생의 업적은 중성미자들을 검출해 '중성미자 천문학'이라는 새로운 연구 분야를 개척하고, 지금까지 가장 성공적인 이론의 하나로 꼽혀 온 소립자 표준모형을 갈아엎게 될지도 모를 '중성미자 진동'(neutrino oscillations) 현상을 관측해낸 것이었다.

 고시바는 1978년 말부터 기후 현[岐阜縣] 가미오카 시(神岡町)에 있는 한 광산의 지하 1,000m에 약 5,000t의 물을 담은 특수 탱크로 이루어진 거대한 입자 검출기 가미오칸데를 세우는 계획을 진두지휘하고 1983년 이를 가동시켰다. 원래 가미오칸데는 원자핵 속에 있는 양성자나 중성자의 붕괴 여부를 관측하기 위한 것이었다.

이 계획이 확정될 당시 그는 미국에서 비슷한 계획이 진행 중이라는 소문을 듣고는 미국 과학자들이 자신들과 유사한 방법을 채택할 경우 그들을 좀처럼 따라잡기 어려울 것으로 판단해, 감광용 광전자증배관(photomultiplier)의 성능을 높이기 위해 심혈을 기울였다.

그는 관의 지름을 당초 계획했던 20cm에서 50cm로 크게 늘려잡고 기후 현의 하마마쓰포토닉스사(浜松ホトニクス社)에 제작을 의뢰해, 1년 뒤 이론상으로는 달 표면에서 반짝거리는 섬광까지 검출할 수 있을 만큼 정밀한 광전자증배관을 만들어내는 데 성공했다. 결국 미국의 입자관측소는 문을 닫았고 중성미자 검출에 참여하기를 희망했던 미국 연구자들은 나중에 가미오칸데에 합류했다.

1987년 2월 23일, 고시바와 그가 이끄는 가미오칸데의 연구자들은 우리은하의 위성은하인 큰마젤란운(LMC)에 있는, 지구에서 17만 광년(1광년은 1016m임) 떨어진 초신성 1987A의 폭발에서 일련의 중성미자들을 검출하는 데 성공했다.

초신성 폭발 때 중성미자 항성이 만들어지면 엄청난 양의 에너지가 대부분 중성미자로 방출되는데, 초신성 1987A의 폭발 때 방출된 것으로 추산되는 1058개의 중성미자 가운데 약 1016개가 가미오칸데를 통과했고, 이 가운데 12개가 이들에 의해 관측되었다.

중성미자가 가미오칸데의 특수 물 탱크에 있는 물 분자의 전자와 충돌할 때 방출되는 체렌코프 복사(Cherenkov radiation:하전된 입자들이 광학적으로 투명한 물질을 그 물질 내에서의 빛의 속도보다 더 빠른 속도로 통과할 때 이 입자들에 의해 생긴 광선)가 물 탱크 내벽에 달린 광전자증배관에 포착된 것이다.

중성미자의 존재를 입증한 이 발견은 노벨 물리학상을 공동 수상한 데이비스의 오랜 실험 결과와 일맥상통하는 것이었다. 또한 이들은 데이비스의 실험과는 달리 현상이 일어나는 시각과 방위를 가미오칸데로 면밀히 기록할 수 있었으므로, 중성미자가 태양에서 온다는 사실도 처음으로 입증했다.

고시바는 우주에서 날아오는 중성미자에 대한 감도를 높이기 위해 기존의 가미오 칸데보다 16배나 크고 물의 양도 10배(5만t)나 늘린 초(超)가미오칸데를 만들었다.

그림-46. 에사키 레오나

- 에사키 레오나(일본어: 江崎 玲於奈 えさき れおな, 1925년 3월 12일 ~)는 일본의 물리학자이다. 해외에서는 레오 에사키(Leo Esaki, レオ・エサキ)라는 이름으로도 알려져 있으며, 1958년 소니사의 전신인 도쿄통신공업주식회사에 근무하던 시절에 연구한 반도체 PN 접합에서 터널링 효과를 발견한 공로로 1973년에 노벨 물리학상을 수상하였다. 이 터널링 효과를 이용한 소자가 에사키 다이오드이다.

건축기사인 에사키 소이치로의 장남으로 오사카 부 나카카와치 군 다카이다 촌(현재의 히가시오사카 시)에서 태어났다. 1947년에 도쿄 제국대학을 졸업한 뒤 가와니시 기계 제작소(후의 고베 공업 주식회사, 현재의 후지쯔텐)에 입사, 진공관 음극에서의 열전자 방출에 대한 연구를 하다가 1956년에 도쿄통신공업주식회사(현재의 소니)로 직장을 옮겼다.

반도체 연구실의 주임 연구원으로서 PN 접합 다이오드의 연구에 착수하고 약 1년 간의 시행착오를 거쳐 게르마늄의 PN 접합폭을 줄이면 그 전류 전압 특성에 터널 효과에 의한 영향이 지배적으로 나타나고 전압을 크게 할수록 반대로 전류가 감소하는 부성 저항이 나타난다는 것을 발견하였다.

이 발견은 물리학에 있어서 고체의 터널 효과를 최초로 실증한 사례이자 전자공학에서는 터널 다이오드(또는 에사키 다이오드)라는 새로운 전자 부품이 탄생한 것으로, 이 성과에 힘입어 그는 1959년에 도쿄 대학에서 박사학위를 받게 되었다.

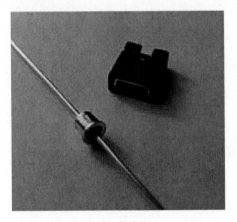

그림-47. 에사키 다이오드

또한, 1973년에는 초전도체 내에서의 똑같은 터널 효과로 공적을 세운 이바르 예베르와 함께 노벨 물리학상을 수상하였다. 1960년, 미국 IBM 왓슨 연구소로 자리를 옮겨 자기장과 전기장 아래에 있는 새로운 타입의 전자, 즉 포논 상호작용과 터널 분광에 대한 연구를 하였으며, 분자선 에피택시법을 개발하여 이를 이용해서 반도체 초격자 구조를 만드는데 성공하였다.

그러나 이러한 업적에 대해 처음에는 주변에서 그다지 큰 반향이 없었고, 영어로 논문을 발표하고 나서야 비로소 주목받기 시작했다고 한다. 에사키는 일본의 연구 환경에 실망한 채 1960년에 미국으로 건너갔고, 그가 일본으로 귀국하는 것은 그로부터 30년 이상 지난 후의 일이었다.

1992년에 쓰쿠바 대학의 총장으로 취임하였고, 6년간 재임하면서 산·관·학 연계 거점으로서 첨단학제영역연구센터(TARA 센터)의 설립 등 대학 개혁을 추진하였다.

그림-48. 도모나가 신이치로

- 도모나가 신이치로(일본어: 朝永 振一郎, 1906년 3월 31일 ~ 1979년 7월 8일)
는 일본의 물리학자이다. 양자전기역학의 발전에 큰 영향을 끼쳤으며 1943년 '초다
시간이론(超多時間理論)', 1947년 '도모나가슈윙거이론' 등의 업적을 남겼다. 그 공
로로 1965년 리처드 파인먼과 줄리언 슈윙거와 노벨 물리학상을 수상했다.

 1906년 그는 도쿄 도에서 도모나가 산주로(朝永三十郎)의 아들로 태어났다. 어릴
때는 병약하였으며 1913년 부친이 교토제국대학 교수로 취임하면서 교토로 거주지
를 옮기게 되었다.. 1937부터 1939년까지 독일 라이프치히에서 베르너 하이젠베르
크 아래에서 연구 활동을 하였으며, 제2차 세계 대전 후에는 프린스턴 고등연구소
등에서 연구하였다.

 양자역학은 20세기 초 원자 및 그 이하의 미시세계가 알려지면서 등장했는데 그
요지는 빛과 물질이 입자성과 파동성을 다 갖는다는 것이다.

전자(입자)의 파동을 기술하는 것이 쉬뢰딩거의 파동방정식이며 이를 전자의 자전과 상대론을 고려하여 고친 것이 디랙의 파동방정식이다. 그러나 빛과 전자의 상호작용을 기술하는 데는 디랙의 방정식으로도 불충분한데, 그것은 진공의 양자역학적 구조 때문이다.

양자론적으로 보면 진공이 아무 것도 없는 고요한 상태가 아니라, 무수한 소립자들이 쌍생성과 쌍소멸을 반복하는 상태이며, 이러한 가상적인 입자들과 실제의 전자가 서로 상호작용을 하고 있다. 파동방정식으로는 이렇게 많은 가상 및 실제의 입자들을 한꺼번에 기술하는 것이 불가능하며 이를 극복하기 위해 만들어진 것이 양자전기역학이다.

파인만, 슈윙거, 그리고 도모나가 세 사람의 공적은 각자 독자적으로, 양자장론을 상대론적으로 전개하고 여기에 나타나는 무한량을 처리함으로써 유한한 값을 얻어내는 방법을 확립한 것이다.

이들의 공로로 물리학자들은 전자의 성질(예를들어 전자의 자기쌍극자모멘트)을 상대오차 10억분의 1수준까지 계산하고 실험으로 확인할 수 있었는데, 이는 현재까지 인류가 가진 다른 어떤 이론에서도 찾아볼 수 없는 정확도다.

그림-49. 유카와 히데키

- 유카와 히데키(일본어: 湯川 秀樹 ゆかわ ひでき, 1907년 1월 23일 ~ 1981년 9월 8일)는 일본의 이론물리학자이다. 일본인 최초의 노벨상 수상자이자 1949년 노벨 물리학상 수상자이다. 교토 부 교토 시 출신으로 원자핵 내부에 있어서 양성자와 중성자를 서로 강한 상호작용의 매개가 되는 중간자의 존재를 1935년에 이론적으로 예측했다. 1947년, 영국의 물리학자 세실 프랭크 파월이 우주선 중에서 파이 중간자를 발견한 것에 의해 '유카와 이론'이 증명되어, 1949년에 일본인으로서는 처음으로 노벨 물리학상을 수상했다.

노벨 물리학상 수상 이후 반핵 운동이나 평화 운동에 적극적으로 참여하여 러셀-아인슈타인 선언에 막스 플랑크와 함께 공동 선언자로 이름을 올렸고 중간자 이론 외에도 비국소장이론, 소영역이론 등의 이론을 발표하였다. 이런 모습은 고등학교와 교토 제국대학 동창이었던 도모나가 신이치로와는 대조적인 모습이었고 도모나가와 마찬가지로 니시나 요시오의 제자로도 알려져 있다. 목소리가 작고 강의가 상당히 난해했다고 전해진다. 교토 대학·오사카 대학 명예교수, 교토 시 명예시민이었다. 1943년에 문화훈장을 받았고 학위는 이학박사이다.

3) 생리학·의학상 수상자

그림 50 혼조 다스쿠

- 혼조 다스쿠(本庶佑, 1942.1.27. ~)는 미국의 의사과학자·면역학자이다. 1966년 교토대학 의학 학사를 졸업하고 1971년 교토대학 의학 대학원을 마친 뒤 도쿄대학 의학부에서 재직하며 미국 카네기연구소와 국립보건원 산하 국립소아보건발달연구소에서 분자유전학 객원연구원을 지냈다. 1975년 교토대학 의학 박사 학위를 취득하고 1979년 오사카대학 의학부 교수가 되었다. 1984~2005년 교토대학 의학부 교수를 지내며 1989년~1998년 히로사키대학 의학부 교수를 겸임했다. 2005년 이래 교토대학 대학원 의학연구과 명예교수이다.

1990년대 혼조는 암세포를 인식하여 사멸시키는 면역세포의 일종인 T-Cell(T-세포) 표면에 발현된 단백질 수용체 PD-1을 발견했다. PD-1이 암세포 표면의 PD-L1이라는 단백질과 결합하면 면역세포 활성화가 억제된다는 사실을 발견하고 항체를 개발했다. 이를 폐암, 신장암, 임파선암, 림프종(혈액암), 흑색종(피부암) 등의 암 환자에게 임상 실험한 결과 효과가 관찰되었다. 기존의 암 치료법인 외과수술, 방사선, 화학, 표적 치료법에 이어 인간 신체가 보유한 면역 기능을 이용한 차세대 암 치료법을 제시하였다.

면역항암요법은 종양을 효율적으로 제거하기 위해 면역세포가 암세포를 공격하게 하여 사멸시키는 방법이다. 20세기 중반 이후 면역계 활성화가 암세포 공격의 전략이 될 수 있다는 개념이 대두되었고, 혼조 교수는 그 이론을 바탕으로 면역력을 조절하는 메커니즘을 밝혔다. 2014년 일본의 오노약품이 성분 중 하나인 니볼루맙(nivolumab)을 '옵디보(Opdivo)'라는 제품명으로, 다국적 제약업체 MSD가 펨브롤리주맘(pembrolizumab) 성분을 제품명 '키트루다(Keytruda)'로 개발해 출시했다.

혼조는 면역세포의 암치료 능력을 높이는 항암제인 '면역 관문 억제제(Immune Checkpoint Inhibitor)'의 원리를 규명하여 암 치료법에 새로운 패러다임을 제시한 공로로 2018년 노벨 생리의학상을 수상했다. 그밖에 2000년 일본 문화공로자 선정, 2012년 바이오의학 분야의 로베르트 코흐(Robert Koch)상, 2013 일본 문화훈장, 2016년 제32회 기초과학부문의 일본 교토상, 2017년 질병 치료와 예방에 헌신한 자에게 수여하는 워런 앨퍼트(Warren Alpert)상을 받았다.

그림-51. 오스미 요시노리

- 오스미 요시노리(일본어: 大隅 良典 おおすみ よしのり, 1945년 2월 9일 ~)는 일본의 생물학자이다. 종합연구대학원대학 명예교수, 기초 생물학 연구소 명예교수, 도쿄 공업대학 프런티어 연구기구 특임교수·영예교수이며, 기초 생물학 연구소 교수, 종합연구대학원대학 생명과학연구과 교수 등을 역임하였고, 2016년 오토파지의 메커니즘을 발견한 공로로 노벨 생리학·의학상을 수상했다.

오스미 영예교수는 당시 세포 내에서 '액포'(液胞)라는 소기관을 현미경으로 관찰 하다가 본 적이 없는 작은 알갱이가 생겨나 격렬하게 춤추듯이 움직이는 것을 보고 '뭔가 중요한 것이 아닐까'하는 호기심을 갖게 됐다고 한다.

그는 이날 몇 시간이고 현미경을 들여다봤는데 이것이 '오토파지'(autophagy·자가 포식) 현상을 세계 최초로 관찰한 순간이었다고 마이니치(每日)신문은 전했다.

오토파지는 영양분이 없는 상태에서 효모가 필요 없는 소기관(미토콘드리아 등)을 제거해서 이걸 영양분으로 바꿔 흡수하는 과정이다. 좀 더 복잡하게는 세포 속에서 주머니 형태의 소기관을 꺼내 세포질 일부를 둘러싸고 여기에 리소좀이나 액포가 융합해 내용물을 분해해 이때 발생한 아미노산을 영양으로 재이용하는 현상이다.

오스미 영예교수는 세포 내 쓰레기통으로 여겨져 주목받지 않았던 액포의 모습을 자세히 파악하기 위해 효모를 활용했다. 미국에서 들여온 효모를 3시간 동안 영양 부족 상태에 놓아둔 후 관찰해 오토파지 현상을 확인했다.

오스미 영예교수는 효모의 유전자에 무작위로 상처를 내 돌연변이를 일으킨 효모 약 5천 종을 만들어 그중에서 오토파지가 불가능한 효모 1개를 찾아냈다.
다른 효모는 기아 상태에서도 1주일 정도 생존하지만 오토파지가 불가능한 효모는 5일 만에 죽었으며 오스미 영예교수는 이를 분석해 그간 기능이 알려지지 않았던 유전자의 하나가 파괴됐다는 것을 알게 됐다.

연구는 약 3만8천 종의 돌연변이 효모를 검사하는 긴 작업으로 이어졌다.
그 결과 15종의 유전자가 관여한다는 것을 밝혀내 1993년에 논문을 발표했다.

그림-52. 오무라 사토시

- 오무라 사토시(일본어: 大村 智 おおむら さとし, 1935년 7월 12일 ~)는 일본의 화학자(천연물 화학)이며 2015년 노벨 생리학·의학상 수상자이다. 미생물을 생산하는 유용한 천연 유기 화합물의 탐색 연구를 45년 이상 실시하였고, 지금까지 유례없는 480종이 넘는 신규 화합물을 발견하여 감염병 등의 예방과 퇴치, 창약, 생명 현상의 해명 또는 발견에 큰 기여를 했다.

또한 화합물의 발견이나 창제, 구조 해석에 대해 새로운 방법을 제창하거나 실현하여 기초부터 응용까지 폭넓고 새로운 연구 영역을 세계에 앞서 개척했다.

연구 외에도 기타사토 연구소의 경영 재건, 여자미술대학에의 지원이나 사비에 의한 니라사키 오무라 미술관의 건설, 학교법인 가이치 학원을 운영하는 등의 사회에 공헌한 업적을 갖고 있으며 서보중광장, 자수포장, 문화훈장 등 다수의 훈장을 받았다.

야마나시 현 기타코마 군 가미야마 촌(현재의 니라사키 시)의 농가에 5형제 중 차남으로 태어났다. 경작이나 가축 돌보기 등 가업에 종사하고 있었기 때문에 고등학교 졸업 때까지 공부는 거의 하지 않았지만, 훗날 농사일이 공부가 됐다고 술회하였다.

고등학교에서는 스키부와 탁구부에서 주장을 맡는 등 스포츠에도 열중했고 국민체육 대회 선수로도 발탁될 정도였다. 고등학교에서는 스키부뿐만 아니라 니라사키 스키 클럽에도 가입해 그 곳에서 야마나시 현 스키 연맹 임원이던 야마데라 이와오를 만나 지도를 받으며 크로스컨트리에 힘썼고 야마나시 현에서 주최한 제7회 야마나시 현 스키 선수권 대회의 장거리 고교생 부문에서 3위로 입상하기도 하였다.

1954년에 야마나시 현립 니라사키 고등학교를 졸업한 후 야마나시 대학 학예학부(현재의 교육학부) 자연과학과에 진학하였다. 대학 졸업 후 이과 교사가 되기 위해 지원했지만 현지 야마나시 현에서 채용이 없었기 때문에 사이타마 현 우라와 시(현재의 사이타마 시 우라와 구)로 이주, 도쿄 도립 스미다 공업고등학교에서 5년간 근무하였으며, 1961년에 도쿄 이과대학 대학원 이학연구과의 쓰즈키 요지로 연구실에 소속돼 고등학교 교사로 일하면서 2년 뒤인 1963년에는 도쿄 이과대학 대학원 이학연구과 석사과정을 수료하였다.

사토시는 45년에 걸쳐 독창적인 탐색계를 구축하여 미생물이 생산하는 유용한 천연 유기 화합물의 탐색 연구를 지속적으로 해나가면서 지금까지 유례없는 480종이 넘는 신규 화합물을 발견하는 한편, 이들에 관한 기초부터 응용까지 폭넓은 분야의 연구를 추진하였다.

발견한 화합물 가운데 25종이 의약, 동물약, 농약, 생명 현상을 해명하기 위한 연구용 시약으로 전 세계에서 사용되고 있으며 인류의 건강과 복지 향상에 기여하고 있다. 더 나아가 100을 넘는 화합물이 유기 합성 화학의 타겟이 되면서 의학, 생물학, 화학을 시작으로 생명과학의 넓은 분야의 발전에 막대한 기여를 하고 있다.

그중 항기생충제 이버멕틴은 열대 지방의 풍토병인 강변 실명증(하천맹목증) 및 림프계 필라리아증에 지극히 뛰어난 효과를 보이면서 중남미·아프리카에서 매년 약 2억 명 가량의 사람들에게 투여돼 이 같은 감염병 박멸에 기여하고 있다. 더욱이 이버멕틴은 전 세계에서 연간 3억 명 이상의 사람들이 감염되곤 있지만 그 때까지 치료약이 없었던 개선증이나, 오키나와 지방과 동남아시아의 풍토병인 분선충증의 치료약으로서도 위력을 발휘하고 있다. 이 외에도 그는 생명 현상의 해명에 다대한 기여를 하고 있는 단백질인산화효소의 특이적 저해제 스타우로스포린, 프로테아좀 저해제 락타시스틴, 지방산 생합성 저해제 셀레닌 등을 발견하였다.

오무라가 발견한 특이한 구조와 생물활성을 가진 화합물은 창약 연구의 리드 화합물로서도 주목받고 있어 신규 항암제 등의 개발에 사용되고 있다.

'선충의 기생에 의해서 일으키는 감염병에 대한 새로운 치료법 발견'에 의한 공로로 윌리엄 C. 캠벨과 함께 2015년 노벨 생리학·의학상을 수상하였으며, 오무라 연구실에 의해서 발견된 화합물 가운데, 실용화된 의약품이나 시약은 25여가지에 이르고 있다.

그림-53. 야마나카 신야

- 야마나카 신야(일본어: 山中 伸弥, 1962년 9월 4일 ~)는 일본의 의학자이자
줄기 세포 연구자이다. 교토 대학 iPS 세포 연구소 소장·교수이며, 일본 학사원 회
원으로 있다.

2012년에 '성숙하고 특화된 세포들이 인체의 세포 조직에서 자라날 수 있는 미성
숙 세포로 재프로그램 될 수 있다는 것을 발견'한 공로로 존 거든과 함께 노벨 생
리학·의학상을 수상하였다. 일본에서 두 번째로 생리학·의학상 부문 수상을 하였다.

오사카 부 히라오카 시(현재의 히가시오사카 시) 출신(초등학교 3학년까지 히라오
카히가시 초등학교)으로 초등학교 시절부터 대학교 1학년 때까지 나라 현 나라 시
의 가쿠엔마에에 거주하였다.

오사카 교육대학 교육학부 부속 고등학교 덴노지 교사 재학 시절 아버지로부터 의
사가 될 것을 권유받았지만 장래 진로를 결정하지 못하고 고민하고 있던 중 도쿠다
도라오(도쿠슈카이 이사장)의 저서 《생명만은 평등하다》를 읽고 도쿠다의 삶에
감명을 받아 의사가 되기로 결심하였다고 한다.

고베 대학을 졸업한 후 국립 오사카 병원 정형외과에서 임상연수의로서 근무하였다. 학창 시절에 유도나 럭비를 하면서 10회 이상 골절상을 입는 등 부상이 자주 있었기 때문에 정형외과의 길을 택했지만, 다른 의사에 비해 의료 기술면에서 많이 서투른 면이 있어 담당 지도의로부터 호된 질책을 받고 필요 없는 사람으로 취급받아 적성에 맞지 않는다고 느꼈었다고 한다.

그 후, 중증으로 된 류마티스 관절염에 걸린 여성 환자를 담당한 적이 있는데 환자의 전신 관절이 변형된 모습을 보고 충격을 받아 중증 환자를 구하는 수단을 연구하기 위해서 연구자의 길을 택하게 되었다.

신야는 의사를 그만 둔 뒤, 1989년 오사카 시립 대학 대학원에 입학하여, 야마모토 겐지로가 교수로 재직하고 있던 약리학 교실에서 미우라 가쓰유키 강사의 지도 하에 연구를 시작하게 되었다.

1993년, "Putative Mechanism of Hypotensive Action of Platelet−Activating Factor in Dogs"('마취된 개에 있어서 혈소판활성인자의 강압기서')라는 제목의 논문 제출, 박사학위(의학)를 취득하였다.

그 후, '연구에만 몰두하다 과학 잡지 공모에 닥치는 대로 응모하여 캘리포니아 대학교 샌프란시스코 그래드스톤 연구소에 채용되었고, 박사연구원으로서 iPS 세포 연구를 시작하게 되었다.

그 후 미국에서 귀국하여 일본 학술진흥회 특별연구원(PD)을 거친 후 일본 의학계에 복귀, 이와오 히로시 교수의 지도 하에 오사카 시립 대학 약리학 교실의 조수로 발탁되었지만, 미국보다 열악한 환경에서 연구에 어려움을 느꼈으며 악전고투하는 날들이 계속되었다.

당시로서는 iPS 세포의 유용성이 의학 연구 세계에 있어서 중시되지 않았고, 단기적 성과를 보여줄 수 있는 신약을 연구하는 것도 아니었기 때문에 근무환경, 재정적 측면, 주변인들과의 관계적인 측면에서의 스트레스가 극심하여 우울증 상태까지 몰리기도 하였다.

이러한 악조건 하에서 기초 연구를 그만두고 연구의보다 급여가 좋은 정형외과 의사로 다시 돌아가겠다고 생각하던 와중 우연히 과학 잡지에서 찾아낸 나라첨단과학기술대학원대학의 공모에 마지막이라는 생각으로 응모하였고 채용이 되어 좋은 연구 환경 속에서 다시 기초 연구를 시작하게 되었다.

또한, 2003년부터 과학기술진흥기구의 지원을 받아 5년 간 3억 엔의 연구비를 지원받으며 연구한 끝에 연구에 iPS 세포 개발에 성공하였다. 2004년에 교토 대학으로 자리를 옮겼으며, 2007년 8월부터는 캘리포니아 대학교 샌프란시스코 그래드스톤 연구소 상급연구원을 겸임하였다.

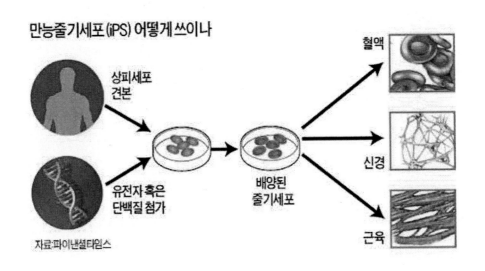

그림-54. 만능줄기세포(iPS)의 사용 과정

2007년 11월 21일, 야마나카 연구팀은 연구를 한층 더 진행하여 성인의 피부에 발암유전자 4가지 종류 등의 유전자를 도입하는 것만으로 ES세포와 유사한 인간 인공다능성줄기(iPS)세포를 생성하는 기술을 개발하여 그 결과를 논문으로 학술지 《셀》에 발표하여 세계적인 주목을 끌었으며, 일본 정부는 5년 동안 70억 엔을 지원하기로 결정하였다.

그림-55. 도네가와 스스무

- 도네가와 스스무(일본어: 利根川 進, 1939년 9월 5일 ~)는 일본의 분자생물학자로, 1987년 노벨 생리학·의학상을 수상했으며 현재 매사추세츠 공과대학 교수(생물학과, 뇌인지학과) 외에 하워드 휴즈 의학연구소 연구원, RIKEN-MIT 신경 과학 연구 센터 소장 겸 연구원 등도 겸임하고 있다.

도네가와는 순응적인 면역 시스템에서 유전자의 매커니즘을 설명한 것으로 유명하다. 이 매커니즘은 어느 종류의 항원이든지 몸을 보호하기 위한 목적으로 필요한 항체들의 다양성을 확보하기 위해 각 항체가 하나의 유전자에 암호화되어 있을지라도 면역 체계는 수백만 개의 유전자들이 다른 항체들에 대한 유전암호를 지정하도록 요구한다는 것이다.

그는 인체의 면역조직이 생체에 침입한 미생물이나 이물질(항원)들을 무력화시키는 데 필요한 다양한 항체들을 어떻게 생성할 수 있는가를 밝혔다. 여러 항체들은 각각 특정한 항원, 즉 특정한 세균에 결합하여 공격한다.

그의 연구가 나오기 전에는 B 림프구(항체생성세포)가 어떻게 한정된 숫자의 유전자만으로 수많은 종류의 항원에 들어맞는 서로 다른 구조를 가진 수백만 개의 항체를 생성할 수 있는지 모르고 있었다.

1970년대에 일련의 실험을 통해 B 림프구의 항체생성 부위에 있는 약 1,000여 개의 유전물질이 서로 다른 순서로 뒤섞이거나 재조합되며, 그 결과 각각 다른 항원에 작용할 수 있는 약 10억 종의 항체를 만들어낼 수 있음을 입증했다. 이로써 면역체계의 기본적인 메커니즘이 밝혀지게 된 것이다.

4) 문학상 수상자

그림 56 가즈오 이시구로

- 가즈오 이시구로(石黑一雄, 1954.11.8. ~)는 일본계 영국의 작가로 1982년 《창 백한 언덕 풍경》으로 데뷔한 이래 《부유하는 세상의 화가》 《남아 있는 나날》 《우리가 고아였을 때》 《파묻힌 거인》 등을 발표하여 현대 영미문학을 대표하 는 작가 중 한 사람으로 꼽힌다. 1954년 11월 일본 나가사키 현의 나가사키 시 에서 태어났다. 1960년 해양학자인 아버지지가 영국 국립해양학연구소의 연구원 으로 일하게 되면서 일가족이 영국으로 건너가 잉글랜드 남부 서리(Surrey) 카운 티의 길퍼드에서 거주하였다. 1974년 캔터베리의 켄트대학교에 진학하여 1978년 영어학과 철학 학사학위를 취득하였으며, 졸업 후 1년간 소설을 습작하다가 이스 트앵글리아대학교에 들어가 맬컴 브래드버리(Malcolm Bradbury)와 앤절라 카터 (Angela Carter)에게 배워 문예창작 석사학위를 취득하였다.

석사학위 논문으로 집필한 《창백한 언덕 풍경 A Pale View of Hills》이 1982 년에 출간되어 데뷔 작품이 되었으며, 원자폭탄 투하 직후의 나가사키를 배경으 로 전후의 상처와 현재를 절묘하게 엮어 낸 이 작품으로 위니프레드 홀트비 기념 상(Winifred Holtby Memorial Prize)을 수상하여 영미권 문학을 이끌어갈 새로운 작가의 출현을 알렸다. 1983년 영국 시민권을 취득하였으며, 전업작가가 되기 전 에는 사회복지사로 일한 경력도 있고 피아노와 기타 연주를 즐기며 재즈 음악을 공동 작곡 및 작사하기도 하였다.

그림-57. 오에 겐자부로

- 오에 겐자부로(일본어: 大江 健三郎, 1935년 1월 31일 ~)는 일본의 작가로, 제 2차 세계대전 패전 이후의 일본 전후세대를 대표한다. 시코쿠 에히메 현의 한 마을에서 7형제의 3남으로 태어나 할머니에게 예술을 배우며 자랐다.

고향에 있는 학교를 다니다가, 그는 마츠야마에 있는 고등학교로 전학을 하였으며, 18세가 되는 해에 처음 동경에 다녀와서 그 이듬해 동경대학교에서 불문학을 공부하게 되었다. 그의 스승은 가주오 와타나베로 프랑수아 라블레에 대한 전문가였다.

그는 1957년 학생의 신분으로 있을때부터 글쓰기를 시작하였는데, 그의 글은 프랑스와 미국의 현대작품에 영향을 많이 받은 작품이었다.

학생 시절이었던 1957년부터 글을 쓰기 시작했으며, 동시대 프랑스와 미국 문학에서 많은 영향을 받았으며, 도쿄 대학 불문과 재학 당시 사르트르 소설에 심취했으며 <사육(飼育)>이란 작품으로 아쿠타가와 상을 수상했다.

초기에는 전후파 작가답게 전쟁 체험과 그 후유증을 소재로 인간의 내면세계를 응시하는 사회비판적인 작품을 많이 썼으나 결혼 후 장애가 있는 아들이 태어나, 장애인에 대한 사회적인 편견 속에서 어렵게 키운 경험을 소재로 개인적인 체험을 써서 전후세대의 인권 문제를 파헤쳤다는 찬사를 들었다.

그는 1994년 12월 8일 가와바타 야스나리(1968년 수상) 이후 26년 만에 노벨 문학상을 수상했으며, 수상기념 연설문, 《애매한 일본의 나》를 통해 그는 스웨덴의 아동문학작품 《닐스의 모험》을 읽으며 꿈꿨던 어린 시절 1968년 노벨 문학상 수상자인 가와바타 야스나리의 일본적인 신비주의에 대한 회의, 전자공학이나 자동차 생산 기술로 유명한 조국 일본에 대한 비판적인 시각, 한국의 김지하나 중국 작가들에 대한 정치적 탄압, 와타나베 가즈오에게서 배운 휴머니즘 정신을 말하였다.

1967년, 30대 초반에 장편소설 《만연원년의 풋볼》을 발표하고, 최연소로 제3회 다니자키 준이치로 상을 수상하였다. 만연원년(1860년)에서는 시코쿠의 마을에서 일어난 폭동과 100년후의 안보투쟁을 결합시켜 폐쇄적 정황에 대한 혁신적인 반항을 그려 엄청난 반향을 불러 일으켰다.

1996년 일본사회와 공존하는 비정상적이고 작은 세상들을 그려낸 단편집 《우리들의 광기를 참고 견딜 길을 가르쳐 달라》을 출판하였고, 1971년에 발표된 중편<스스로 눈물을 닦는 아픈 날>,<달의 남자(Moon Man)>에서는 그 전년도의 이쓰시마 사건을 토대로 천황관을 개혁할 것을 주제로 삼았다. 그 후에 《내 영혼에 이르러》(1973년, 노마문예상수상), 《핀치러너 조서》(1976년)에서는 천황제나 핵문제 대해 고민하고, 리얼리즘을 초월한 세계관을 그리기 시작하였다.

후기작은 <영혼의 문제>, 《기도, 허락》같은 종교적인 사상에 깊이 있게 접근하고 있다. 40대부터는 야마구치 마사오의 문화인 수학에 영향을 받아, 1979년에 발표된 《동시대 게임》에서 <마을=국가=우주>의 역사를 쓰는 주인공의 이야기를 썼지만, 문화평론가로부터 명성을 얻은 후의 사치스런 것이라고 비판 받았다. 다만, 오에 자신은 우주의 창조자인 <망가뜨리는 자>나 영혼의 문제를 작품속에서 중요하게 자리매김 하고 있다.

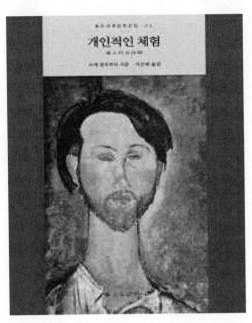

그림-58. 오에 겐자부로 - 개인적인 체
험

1982년에는 연작집 《레인트리(Rain Tree)를 듣는 여자들》을 발표하고 다음해에 제34회 요미우리 문학상을 수상하였다.

1983년 《새로운 사람이여 눈을 떠라》로 제10회 오사라기 지로 상을 수상하였으며, 1985년에는 연합적군 사건을 사상적으로 총괄해 낸 《하마에게 물리다》, 1986년에는 《동시대 게임》의 세계관을 현실세계로 비추어 낸 《M/T와 숲의 이상한 이야기》, 1987년에는 단테의 《신곡》을 바탕으로 자신의 반생, 사상의 편력, 주역의 변천등을 서사적으로 그려낸 《그리운 날들로의 편지》를 발표 했다. 1989년 《인생의 친척》에서는 장편에서 처음으로 여자를 주인공으로 하고, 아이를 잃은 여자의 비극과 재기하기까지를 그려 내 제1회 이토세이 문학상을 수상했다.1989-1990년에 발표 된 연작 《치료탑》 과 그 연속편인 《치료탑혹성》에서는 넓은 의미로의 SF형식을 사용하고 월리엄 버틀러 예이츠의 시를 빌려 핵과 인류구제의 주제를 그리고 있다.

1993년 9월부터 《신조》에 있어서 가장 긴 장편소설 3부작 《타오르는 푸른 나무》를 연재하기 시작했다. 연재 중이었던 1994년 10월 13일에 가와바타 야스나리 이후 26년만에 일본인으로써는 두 번째로 노벨문학상을 수상하게 되었으며, 11월부터 《타오르는 푸른 나무》 간행을 시작하였다. 내용은 시코쿠의 마을을 무대로 한 <구세주>에 의한 전통 계승과 부활, 교회의 <구세주> 일파로의 공격, 시민과 교회의 격한 대립을 줄거리로 하여 아우구스티누스나 예이츠를 인용 <영혼의 구제>를 주제로 집필하여 지금까지 작품 중 가장 큰 성공을 거두었다.

그림-59. 가와바타 야스나리

- 가와바타 야스나리(일본어: 川端 康成, 1899년 6월 14일 ~ 1972년 4월 16일)는 일본의 소설가로, 오사카 부(大阪府) 오사카(大阪) 시 북구의 차화정(此花町, 지금의 덴진바시天神橋 부근)에서 태어나, 동경제국대학 문학부 국문학과를 졸업하였다.

요코미쓰 리이치(橫光利一) 등과 함께 『분게이지다이(文藝時代)』를 창간하여, 당시 유럽의 허무주의, 미래파, 표현주의의 영향을 받아 생겨난 문학 유파였던 신감각파(新感覺派)의 대표적 작가로서 활약하였다.

『이즈의 무희(伊豆の踊子)』, 『설국(雪国)』, 『천 마리의 종이학(千羽鶴)』, 『산소리(山の音)』, 『잠든 미녀(眠れる美女)』, 『고도(古都)』 등 죽음이나 유전 속 '일본미(日本美)'를 표현한 작품들을 발표하였고, 1968년(쇼와 43년)에 일본인으로서는 최초로 노벨 문학상을 수상했다. 1972년(쇼와 47년)에 만 72세(향년74세)로 사망하였다.

1899년(메이지 32년) 6월 14일에 태어났다. 아버지는 의사였던 에이키치(榮吉)이고 어머니는 겐(ゲン). 누나는 와카코(芳子)였다. 1901년(메이지 34년)에 아버지가 죽고 외가가 있던 오사카부 니시나리 군(西成郡)의 도요사토무라(豊里村, 지금의 오사카 시 히가시요도가와구淀川区)로 옮겼으나 이듬해에 어머니마저 죽고 할아버지 미하치로(三八郞), 할머니 가네(カネ)와 함께 미시마 군(三島郡) 도요카와무라(豊川村, 지금의 이바라키茨木 시)로 옮겼다.

906년(메이지 39년) 도요카와 심상고등소학교(豊川尋常高等小学校, 지금의 이바라키 시립 도요카와 소학교)에 들어갔는데, 이때 동급생으로는 사사가와 료이치(笹川良一)가 있었고 할아버지와는 함께 바둑을 두는 등 사이가 좋았지만, 9월에 할머니가 돌아가시고, 909년(메이지 43년)에는 따로 살고 있던 누나마저 사망하는 비극이 이어졌다.

1912년(메이지 45년) 오사카 부립 이바라키 중학교(지금의 오사카 부립 이바라키 고등학교)에 수석으로 입학하였다. 2년 뒤 할아버지까지 죽자 도요사토무라(豊里村)의 구로다(黒田) 집안으로 들어가게 되지만, 중학교 기숙사에 들어가 그곳에서 생활했다. 멀지 않은 곳에 '도라타니(虎谷)'라는 이름의 책방이 있어 얼마 안 되는 돈을 털어 그곳까지 책을 사러 가곤 했다고 한다.

작가에 뜻을 두게 된 것은 중학교 2년때의 일로 1916년(다이쇼 5년)부터 『교한신보(京阪新報)』에 단편, 『분쇼세카이(文章世界)』에 단가를 투고하게 되었다. 1917년(다이쇼 6년)에 졸업하자 도쿄로 상경해 아사쿠사(浅草) 구라마에(蔵前)의 사촌 집에서 얹혀 살면서 예비학교에 다니기 시작하여 제1고등학교의 1부 을(乙) 영문과에 들어갔다. 이듬해 가을에 이즈(伊豆)를 여행하다가 떠돌이 예인과 만나 교유한 경험은 훗날 『이즈의 무희』의 모티브가 되었다.

1920년(다이쇼 9년)에 고등학교를 졸업하고 동경제국대학 문학부 영문과에 입학하지만, 이듬해 국문과로 전과하였다. 입학한 해에 곤 도코(今東光)、스즈키 히코지로 등과 함께 동인지 『신사조(新思潮)』(제6차) 발행을 기획하여 국문과로 전과한 이듬해에 실행에 옮겼고, 그곳에 발표한 작품 「초혼제일경(招魂祭一景)」이 [[기쿠치 간|기쿠치 간(菊池寛)]]에게 인정받아 『분게이슌주(文芸春秋)』(1923년 창간)의 동인이 되어 문인의 길에 들어섰다.

1924년 대학을 졸업하고(졸업 논문은 「일본소설사 소론日本小説史小論」) 요코미쓰 리이치, 가타오카 갓페이(片岡鉄兵), 나카가와 요이치(中河与一), 사사키 모사쿠(佐佐木茂索), 곤 도코 등 14명과 함께 동인지 『분게이지다이(文芸時代)』를 창간, 「이즈의 무희」를 지면에 발표하면서 문단에 등장하였다.

초기에는 왕조문학이나 불교 경전의 영향을 받아 허무한 슬픔과 서정성이 넘치는 작품을 많이 썼지만, 이후 비현실적인 미의 세계를 구축하는 방향으로 전환해 「설국」을 발표하기에 이르렀다.

1937년 「설국」이 일본의 문예간담회상을 수상하였고, 1944년(쇼와 10년)에 고향(원제: 故園)」, 「석일(원제: 夕日)」 등의 작품으로 기쿠치 간 상을 수상한다. 1945년(쇼와 20년) 4월에 일본 해군보도반(海軍報道班) 반원(소좌 대우) 자격으로 가지마(鹿島)까지 따라가 가미카제를 취재하기도 하였다.

이때 함께 갔던 야마오카 소하치(山岡莊八)는 그 자신의 작가관까지 바뀔 정도의 충격을 받았고, 가와바타는 이때의 일을 토대로 「생명의 나무(원제: 生命の樹)」를 집필하였다. 그 뒤 「천 마리의 종이학」, 「산소리」 등을 단속적으로 발표하면서, 패전 뒤인 1948년에는 일본 펜클럽 제4대 회장으로 취임하였다.

또한, 1957년에는 도쿄에서 열린 국제 펜클럽 대회에서 주최국 일본측의 회장으로서 활약하여 이듬해에 기쿠치 간 상을 또 한 번 수상한다. 1958년에 국제 펜클럽 부회장으로 취임하였다. 또한 1962년 세계평화 어필 7인 위원회에 참가하였고, 1963년에는 새로 생긴 일본근대문학관(日本近代文学館)의 감사(監事)역을 맡게 되었다.

무려 12년간이나 창작에 심혈을 기울였다는 《설국》은 가와바타의 미의식이 절정을 이루는 작품으로, 그 문학성이 인정되어 노벨 문학상을 수상하는데 결정적인 역할을 하였다. 1968년 10월, 일본인으로서는 처음으로 노벨 문학상을 수상했다. "일본인의 심정의 본질을 그린, 몹시 섬세한 표현에 의한 서술의 탁월함(for his narrative mastery, which with great sensibility expresses the essence of the Japanese mind)."이라는 노벨상 위원회의 수상평을 받았다.

그림-60. 가와바타
야스나리 - 설국

　하지만 노벨상 수상 뒤에 발표한 작품은 단편 몇 개에 지나지 않았는데 이는 노벨상 수여에 따른 중압이 원인이었다고 한다. 노벨 문학상 3년 뒤인 1972년 4월 16일, 가와바타 야스나리는 가나가와 현 즈시 시의 맨션 「즈시 마리나」의 자택 작업실에서 사망한 채로 발견되었으며, 사인은 가스에 의한 자살이었다.

5) 평화상 수상자

그림-61. 사토 에이사쿠

- 사토 에이사쿠(일본어: 佐藤 栄作, 1901년 3월 27일 ~ 1975년 6월 3일)는 일본의 정치인으로, 제61·62·63대 내각총리대신을 지냈다. 자유민주당에서 유일하게 4번이나 총재로 뽑혔으며, 총리 재임기간은 역대 총리중 2위, 연속 재임기간은 역대 총리중 가장 긴 7년 8개월(2,798일)이라는 최장수 재임 기록을 세웠다.

퇴임 후 1974년에 "핵무기를 만들지도, 갖지도, 반입하지도 않는다"라는 비핵 3원칙을 내세운 공로로 노벨 평화상을 수상했지만, 뒤로는 비밀리에 독일에 핵무기 공동개발의사를 타진했다.

사토 에이사쿠는 1901년 3월 27일 야마구치 현 다부세 정에서 태어나 도쿄 제국대학에서 법학을 전공하였다. 1923년 최상급 공무원 시험을 통과하였으며, 졸업을 앞둔 이듬해 철도성 공무원이 되었다.

1944년부터 1946년까지는 오사카의 철도 국장, 1947년부터 1948년까지 교통성의 부대신을 지냈으며, 1949년 자유당원으로서 일본 국회에 입문, 1951년 7월부터 1952년 7월까지 우정대신을 지냈다. 1953년 1월부터 1954년 7월까지 당시 요시다 시게루 총리의 주요 내각 서기관이 되었으며, 1952년 10월부터 1953년 2월까지 건설대신을 지냈다.

자유민주당을 형성하는 데 자유당이 일본 민주당과 합병되었을 때 사토는 1957년 12월부터 1958년까지 6월까지 당의 행정 의회의 의장을 지냈다. 1961년 7월부터 1962년 7월까지 사토는 통상대신을 지냈으며, 1964년 도쿄 올림픽을 결성하는 데 환경청 장관을 지내기도 하였다.

핵무기의 비생산, 비소유와 비소개를 의미한 1967년 12월 11일 3개의 비핵 3원칙을 소개하였으며, 총리 재임 기간 동안 일본은 핵무기 비확산 조약에 들어갔다. 일본 국회는 1971년 정식으로 원칙들을 채택한 결의를 통과시켰고, 이 공로로 그는 1974년 노벨 평화상을 수상하였다.

하지만 나중에 사토가 뒤로는 일본 국토에 핵무기들을 배치하는 미국의 계획들을 수용한 것으로 밝혀져 큰 논란이 있었다.

7. 노벨상 수상의 비결 1 – 기초과학연구

7. 노벨상 수상의 비결 1 - 기초과학연구
가. 기초과학 육성을 위한 일본 정부의 노력

일본이 노벨 과학상 분야에서 두각을 나타낸 비결은 국가 정책, 일본 특유의 문화, 학계의 노력 등에서 찾아볼 수 있다. 먼저, 일본이 아시아 국가로는 일찌감치 새로운 지식을 수용하며 근대화를 선도했고 패전 후 전쟁의 상처를 딛고 정책적으로 과학기술을 육성한 것이 노벨상이라는 가시적인 성과로 이어졌다고 볼 수 있다.

일본은 1854년 미국과의 조약을 체결을 계기로 서구 문물을 들여놓기 시작했으며 이어 메이지(明治)유신으로 근대국가의 틀을 구축했다. 이후 제국주의 정책으로 서구 열강과 대결하며 군사 기술을 비롯한 과학기술 개발에 힘을 쏟았고 이때 서양에 유학한 많은 이들이 결과적으로 일본 기초 과학을 키우는 동력이 되었다.

패전 후 일본의 과학기술은 1970·1980년대부터 정부가 외국의 지식을 수입하는 것을 넘어 기초과학기술을 자체 육성하기로 하면서 변환점을 맞았으며, 특히 1995년 과학기술기본법 제정을 계기로 일본 과학계는 튼튼한 기반을 확보하였다. 일본 정부는 이법 제정에 따라 5년에 한 번 과학기술 기본계획을 책정해 정책적으로 과학 분야를 육성하게 된다. 2001년부터는 종합과학기술회의를 설치해 인재를 육성하고 신기술·지식 개발을 지원하고 있다.

지난날 중성미자의 질량을 발견해 노벨물리학상을 받은 가지타 교수는 일본 기후(岐阜)현에 설치된 지름 39.3m, 높이 41.4m의 초대형 실험시설인 '슈퍼 가미오칸데'를 활용했다. 슈퍼 가미오칸데는 일본 정부의 돈으로 지어진 시설이며 이는 일본이 과학기술 분야에 한국과는 차원이 다른 투자를 한다는 사실을 나타낸다.

그림-63. 슈퍼 가미오칸데

아울러 일본 특유의 장인 정신이나 특정 분야에 몰입하는 풍토도 노벨상 수상에
도움이 된 것으로 보인다. 맡은 분야에서 책임을 다하는 것이 태어나고 살면서 사
회에 진 빚을 갚는 길이라고 생각하는 정신이나 관심 분야에 몰입하는 오타쿠(オタ
ク) 문화가 한 우물을 파는 연구로 이어지는 것이다.

나. 노벨상의 비결은 '사회기반'이었다!23)

일본 과학자들의 노벨상 러시(Rush)의 이유는 사회기반의 뒷받침이 가장 큰 요인으로 꼽히고 있다. 자신이 좋아하는 연구를 수십 년간 계속 이어갈 수 있는 자유로운 사회 분위기, 이러한 연구를 지원해주는 시스템, 자신이 좋아하는 분야에 몰두하면 수십 년간을 파고드는 '오타쿠(Otaku, オタク)'문화가 과학계에서의 노벨상 수상으로 이어지는 것이다.

일본 정부는 기초과학 연구자들의 도전적인 연구를 활성화하기 위해서 위해 '과연비(科研費)'라는 항목의 지원금을 운용하고 있다. '과연비'는 기초나 응용을 불문하고 다양한 분야의 연구를 지원하는 문부과학성의 지원금이다.

노벨 생리의학상을 받은 도쿄공업대학의 오스미 요시노리(大隅良典·71) 명예교수도 이 연구비를 받아 연구 활동을 해왔다. 2012년 노벨 생리의학상을 받는 야마나카 신야 교토(京都)대 교수도 1997년부터 이 연구비를 바탕으로 연구 활동을 진행해 왔다.

도전적 연구 1건당 최장 3년 동안 500만엔(약 5400만원)까지 지원을 하고 있으며, 2017년부터는 1건당 최장 6년 지원 금액은 2000만엔(약 2억 1600만원)까지 확대할 계획을 갖고 있다. 이와 같은 정부의 연구지원 시스템을 통해 과거로부터 수십 년간 진행되어 왔던 연구들이 2000년대에 와서부터 결실을 맺기 시작한 것이다.

2000년대 이후 일본 노벨상 과학분야 수상자 17명의 연구시작점을 보면 1960년대 연구 성과가 2건, 70년대 5건, 80년대 4건, 90년대 이후 4건으로 모두 2000년 이전 연구들이다. 최근 생리·의학상을 수상한 오스미 요시노리 도쿄공업대학 명예교수의 '오토파지'(자가포식 작용) 연구도 1993년에 시작하여 무려 23년의 세월을 거쳐 수상으로 이어진 것이다.

---

23) 2016.10.04. 한겨레 참조

다. 우리나라 기초과학 연구의 현주소[24]

　현재 우리나라 기초과학 연구 특히 대학의 환경은 열악하다. 새로운 과학자들의 유입은 늘어나는데 비해 50~60대 과학자들이 늘어나면서 연구비를 확보하기 위한 경쟁이 치열해지고 있기 때문이다. 4년제 대학 전임 교원은 7만6750명으로 전체 한국의 연구 인력의 4분의 1을 차지하지만 22%만이 정부 지원을 받고 있는 상황이고, 절반은 아예 본인이 관리하는 연구비가 없는 것이 현실이다.

　뿐만 아니라 기초과학 과제 중 80%는 5000만 원 이하 소액 과제이며, 이를 확보한다고 해도 간접비 명목으로 학교에 20%를 내는 관행이 이뤄지면서 실제 연구에 사용되는 금액은 훨씬 줄어든다. 학생들에게 인건비를 주고, 실험실에서 쓰는 소모품도 사고 얼마 남지 않은 돈이 연구비로 쓰인다는 게 대한민국 대학 연구실의 현실이다. 1억 원 이상 과제를 따는 학자들 역시 지속적인 연구를 보장받지 못한다. 대부분 과제가 3년 이내 단기 과제에 집중돼 있기 때문이다.

　특히, 연구자가 자율적으로 주제를 정해 연구를 하는 자율 기초과학연구에 대한 정부의 지원이 굉장히 미비한 실정이다. 정부에서는 대내외적으로 한국이 국내총생산(GDP) 대비 R&D 투자 1위라고 홍보 하지만 이 중 60% 이상을 대기업이 차지하고 있다. 투자액이 실제보다 훨씬 부풀려졌을 가능성이 높은 것이다. 특히 기초연구비 지원에서 대학이 차지하는 비중은 20%밖에 되지 않는다.

　일본과의 경우 정부 R&D의 30%를 구체적인 항목을 지정하지 않고 대학에 블록펀딩 형태로 지원하는 방식을 채택하고 있다. 하지만, 우리나라는 정부 R&D 투자의 50%가 경제발전에 도움이 되는 연구에 집중되는 개발도상국 모델에 사용되고 있다. 이처럼, 경제적 효과만 중요시하기 때문에 기초과학 연구처럼 장기적인 시간과 지원이 필요한 쪽보다 단기적인 성과에만 집중하게 되는 것이다.

---

24) 2016.10.12. 한경 참조

8. 노벨상 수상의 비결 2 – 기업문화

8. 노벨상 수상의 비결 2 - 기업문화

가. 일본 기업의 지원과 배려문화[25]

2002년 10월, 일본을 열광하게 만들었던 학사 출신 노벨화학상 수상자 다나카 고이치 씨는 15명의 역대 일본인 노벨상 수상자 가운데 가장 인지도가 높은 인물이자 일본 샐러리맨들의 희망인 존재이다.

제81회 아카데미상 시상식에서 단편 애니메이션상을 수상한 가토 구니오 씨는 수상작 '작은 사각의 집'은 12분짜리 단편으로, 지구온난화로 해수면이 높아지자 집 안에 들어오는 물을 밖으로 내보내려고 노력하는 한 노인의 이야기를 다루고 있다.

만화 종주국이자 애니메이션 왕국임을 자부하는 일본의 자존심을 살렸다는 평가마저 돈다.

'과학기술'과 '예술'이라는 전혀 다른 분야에서 세계 최고의 영예를 안은 두 사람에게는 몇 가지 공통점이 있다. 무엇보다 두 사람 모두 수상전에는 세상에 알려지지 않은 평범한 '회사원'이었다는 점이다.

---

25) 2009.08.08. MK뉴스 참조

그림-65. 노벨상 수상자인 다나카 고이치 씨(49)
왼쪽

일본인 노벨상 수상자 18명 가운데 자연과학 분야 수상자는 13명(물리학상 7명, 의학생리학상 1명, 화학상 수상자 5명)이다. 이 가운데 대학 교수도 아니고 박사학위도 없는 수상자는 다나카 씨가 유일하다.

게다가 수상 발표 전날까지 상사의 꾸중을 들었을 정도로 그는 전형적인 회사원이었다. 그 누구도 예견하지 못했던 노벨상 수상 소식에 노벨위원회의 전화를 받은 그 자신도 '아닌 밤중에 홍두깨'인가 싶었다. 심지어 그의 어머니는 '동명이인' 아니냐며 귀를 의심했다고 한다. 그가 소속한 시마즈제작소는 수상 소식에 제일 먼저 회사 내 3명의 다나카 고이치 가운데 수상자가 어느 '다나카'인지를 확인하는 데 진땀을 뺐을 정도였다고 한다. 그만큼 무명이었다는 얘기다.

가토 구니오 씨 역시 수상 당시에는 밤낮없이 연필을 굴리며 그림을 그리던 무명의 샐러리맨 애니메이션 작가였다. 구로사와 아키라나 미야자키 하야오 감독처럼 유명한 감독도, 유명한 작가도 아니었다. 애니메이션이 좋아서 그저 묵묵히 자신의 일을 해나가는 평범한 회사원에 지나지 않았다.

다나카 씨가 질량분석기를 개발했을 당시 28세였고, 가토 씨가 아카데미상을 수상했을 당시 31세였으니 두 사람은 나이도 비슷하다.

또 하나의 공통점은 두 사람 모두 천재이거나 뛰어난 수재가 아니라는 점이다. 유학을 경험하거나 엘리트 교육을 받은 적도 없다. 다나카 씨는 대학 시절에 낙제를 해 졸업도 동기생들보다 1년 늦게 했다. 졸업 후 '소니'에 원서를 냈지만 취업에 실패, '시마즈 제작소'에 입사했다.

가토 씨는 다마미술대 출신이다. 그다지 눈에 띄는 학생도, 특별한 사명감이나 의식이 있었던 학생도 아니었다. 그저 애니메이션을 좋아하는 청년이었다. 회사에 취직할 생각도 없었다. 아르바이트로라도 연명하며 그림을 그릴 수만 있으면 좋다고 생각했다.

회사 '로봇'에서 어시스턴트를 모집한다는 소식에 지원했고 운 좋게 아르바이트로 사회생활을 시작했다. 스스로가 평가하기에도 별로 좋은 어시스턴트는 아니었다. 톡톡 튀는 뛰어난 작품성을 지니지도 않았고, 소질을 보였던 것도 아니었다.

이처럼 지극히 평범한 회사원들이 노벨상과 아카데미상이라는 세계 최고의 상을 받을 수 있었던 비결은 이 두 회사의 기업의 지원과 배려였다. 두 사람 모두 수상의 공을 자신이 소속한 회사로 돌렸다. 다나카 씨는 노벨상 수상은 모두 회사의 배려 덕분에 가능했다고 했고, 가토 씨도 회사의 지원과 동료들의 팀워크가 없었다면 불가능했을 거라고 했다.

그렇다면 평범한 회사원을 노벨상과 아카데미상 수상자로 만들어낸 회사는 어떤 특성을 지니고 있는지 궁금해진다. 먼저 다나카 씨가 소속한 회사 시마즈 제작소는 사원이 하고 싶은 일을 자유롭게 할 수 있도록 지원해주는 회사로 유명하다. 시마즈 제작소는 1875년 창업자 시마즈 겐조가 교육용 이화학기계 제조업체로 설립한 134년의 역사를 지닌 장수 기업이다.

2021년 기준 매출액은 428,175백만 엔, 영업이익률 14.9%, 당기순이익률 11.0% 대를 지속적으로 유지하고 있다. 2020년 결산에서는 많은 기업이 적자결산을 할 때 시마즈는 당기순이익률 9.2%에 영업이익률 12.6%를 기록했다.[26]

---

26) 시마즈 홈페이지

일본 최초의 X선 촬영기를 필두로, 일본 최초의 전자현미경(1947년), 세계 최초의 광전식분광광도계(1952년) 등 '최초'라는 수식어가 붙는 제품을 세상에 많이 내놓은 기업이다. 지금은 각종 계측기기를 토대로 DNA 및 단백질 분석과 같은 바이오 분야, CT 촬영과 같은 의료기기 분야에 주력하고 있다.

나. 창조성을 살리는 자유로운 기업 풍토

회사에서 일을 하면서도 자신이 좋아하는 연구에 시간을 쏟을 수 있게 해준 일본 기업문화의 특징은 5가지 정도로 분류할 수 있다.

첫 번째는 자유로운 기업풍토이다.

일본 속담에 '튀어 나온 못은 망치질을 당한다'라는 말이 있다. 독특한 일을 하면 왕따를 당하거나 숙청 대상이 된다는 것인데, 이들 회사는 오히려 더욱 튈 수 있도록 분위기를 조성한다.

로봇의 경영이념 필두 항목에는 '한 사람 한 사람의 창조성을 경영자원으로 삼고, 그것을 자유로이 발휘해 자기 표현이 가능한 환경을 만든다'가 있다. 창조를 표방하는 회사이니 어찌 보면 규격화되지 않은 사풍은 당연하다.

시마즈제작소의 경우 계측기기를 중심으로 한 제조업이면서도 연구원 스스로가 연구테마를 정하고 연구비 책정도 재량껏 할 수 있다. 실험을 하다가 발생하는 실패에 대해서는 책임을 묻지 않는다. 미래로 연결될 수 있는 것이라면 어떤 연구를 해도 개의치 않는다. 이런 시마즈제작소의 사풍은 '사원 한 사람 한 사람의 창조성과 개성이 발휘되고, 자기실현을 도모할 수 있으며, 회사에 공헌할 수 있는 직장환경 유지에 노력한다'는 경영 행동원칙에 따른 것이다.

주도면밀하게 이뤄진 연구의 결과가 아니라 실수로 발견한 화학 물질이 가져다준 노벨상이었음을 알 수 있다. 이렇듯 실패를 너그러이 용인하는 회사 풍토 덕분에 다나카 고이치 씨는 노벨화학상을 수상할 수 있었던 것이다.

두 번째는 팀워크를 통한 시너지 창출이다.

다나카 씨가 노벨상을 수상하게 된 '단백질 등의 질량분석'은 다나카 씨 자신을 포함해 5명으로 구성된 팀이 함께 실험을 한 것이다. 이들 5명 가운데 화학전문가는 단 한사람도 없었다. 전혀 이질적인 5명이 팀워크를 발휘해 일을 낸 것이다.

로봇의 사원 규범에도 '이질적인 재능을 서로 인정하고 팀워크를 창출하는 직장으로 만들어 간다'는 항목이 있다. 애니메이션이란 한 장 한 장의 그림을 수십만 장 그리는 작업이다. 때문에 좋은 어시스턴트도 필요하지만 각본가, 프로듀서 등과의 공동작업이 필요하다. 아카데미상 수상작도 15명의 스태프가 8개월간 밤낮없이 매달려 만든 것이다.

세 번째는 현재보다 미래를 위한 투자를 하는 것이다.

가토 씨의 아카데미상 수상작 12분짜리 단편 '작은 사각의 집'은 작업에 들어간 지 꼬박 8개월 만에 완성된 작품이다. 수익이 보장되는 것도, 수상이 약속된 것도 아닌지만 회사는 아낌없이 인력과 예산을 지원했다.

이러한 '로봇'의 경영방침은 각종 수상 소식으로 가득한 홈페이지에서도 알 수 있다. '창조성을 추구하는 작업이라면 예산을 아끼지 않는다'는 회사의 경영철학이 실현되고 있는 대목이다.

미래를 위한 투자, 씨앗 뿌리기는 시마즈제작소의 연구개발(R&D) 전략에서도 볼 수 있다. 사원의 45%가 기술직이고 박사급 연구원을 포함해 전 사원의 3분의 1이 연구개발에 투입된다. 다른 기술계 기업에서 찾아보기 어려운 R&D 중시 기업임을 알 수 있다. 게다가 상장회사이면서도 R&D의 20%를 제품과는 직접 관련이 없는 기초연구에 투입하고 있다.

이 모든 것이 기초기술을 다지기 위해서인데, 이런 장기투자가 가능한 것은 '돈이 되는 제품보다 다른 사람이 만들지 않은 제품, 즉 최초라는 수식어가 붙는 제품을 만들려는 창업정신을 바탕으로 한 기업풍토'에서 비롯된 것이다.

네 번째는 기업의 사회성이다.

기업의 사회성은 고객과도 직결되는 것으로 미래 기업 존속과 장수의 커다란 척도가 되고 있다. 이 두 기업의 사회성은 사시나 경영이념에서 진하게 나타나고 있다. 로봇은 기업이념에서 '엔터테인먼트를 통해 사회에 용기와 희망을 전하는 것'이라고 강조하고 있다. 시마즈제작소는 '과학기술로 사회에 공헌한다'를 사시로 하고 있다. 이들 기업은 경영에서 항상 '사회'를 의식하고 있다.

시마즈제작소는 '시민사회의 일원으로서 강한 윤리관'을 강조하고 '정치와 행정을 비롯한 사업활동과 개인생활에 있어서 공정하고 투명한 행동'을 요구하고 있다.

로봇은 '지역의 질적 향상을 위해 노력한다'며 지역사회를 강조하고 있는데 특이한 것은 '가족을 소중히 하며 끊임없이 함께 지내는 시간을 만든다'는 항목이다. 개성이 강할수록 타인이나 가족에 대한 배려가 약할 수 있는데, 이 점을 염두에 둔 것이기도 하며 경영적 측면에서 사원이 혼신을 다해 일할 수 있는 것은 가족의 조력이 있기에 가능하다는 일본적 경영의 발상에서 나온 것이라 하겠다.

다섯 번째는 장인정신이다.

실험이 좋아 승진시험도 마다했던 다나카 씨는 노벨상 수상 소식을 전해 들은 그 순간처럼 외부 출장이 아니면 작업복 차림으로 연구를 한다.

가토 씨도 이에 뒤지지 않는다. 입사 9년 차임에도 평사원이다. 아카데미상을 받은 후 이곳저곳 행사에 초청을 받고, 취재에 응하느라 분주하다. 그러나 그는 별로 달가운 표정이 아니다. 외모에 신경 쓰는 것조차 귀찮다는 듯 덥수룩한 머리에 투박한 옷차림은 예나 지금이나 변함이 없다. 그냥 맘껏 작품을 그릴 수 있으면 만족한단다.

이들은 사회적 통념에서 볼 때 '정규분포'에서 벗어난 사람들이다.

매우 성실한 회사원이지만 여느 회사원과 다른 점이 있다면 일에 대한 신념이 확실하고 지위나 세상적인 명예에 집착하지 않는다는 점이다. 대부분의 사람들이 사회 경제적 배경과 시대의 상식에 자신을 맞춰 생활하고 출세를 꿈꾸지만 이들은 그렇지 않았다.

　조직의 틀과 사회적 통념이라는 정규분포 속에 갇히지 않는 사람들이다. '자신의 연구와 작품이 세상에 도움이 되고 있는가?'라는 가치관을 지킬 수 있도록, 정규분포에서 벗어난 이들을 지켜주고 키워준 유연하고 자유로운 기업풍토가 위대한 업적을 낳았다 해도 과언이 아닐 것이다.

　가령 소립자 연구로 노벨 물리학상을 공동수상한 고바야시 마코토(小林誠), 마스카와 도시히데(益川敏英) 교수는 둘 다 나고야대 출신으로 2차 대전 직후 일본 소립자 물리학의 초석을 닦은 사카다 쇼이치(坂田昌一) 박사의 제자들이다. 사카다 박사는 당시 마스카와가 영어와 국어 성적이 나빠 대학원 입학이 불투명해지자 외국어 시험을 면제해주는 '특혜'까지 준 것으로 알려져 있다. 또 제자들이 주눅들지 않고 연구에만 매진할 수 있도록 연구실에서 '○○상(씨)'을 제외한 존칭을 못 쓰도록 했다.

　2002년 대졸(학사) 학력으로 노벨 화학상을 받은 회사원 다나카 고이치(田中耕一)도 장인정신을 보여주는 케이스. 그는 실험을 마음껏 할 수 있다는 이유만으로 작은 기업에 입사했고, 노벨상 수상 후에도 회사가 제의한 이사직을 거절하고 실험을 계속할 수 있는 연구원직을 택했다.

9. 노벨상 수상의 비결 3 – 헤소마가리 정신

9. 노벨상 수상의 비결 3 - 헤소마가리 정신

가. 노벨 생리의학상을 수상한 오스미 요시노리 교수의 사례

27)'헤소마가리'란 남이야 뭐라건 자기 식으로 외길을 가는 고집불통을 의미한다. 어원 연구자들은 이 말이 베틀로 옷감을 짜던 시대에 생겼다고 본다. 삼베 실을 실패에 둘둘 감아놓은 것을 '헤소(綜麻)'라고 한다. '마가리'는 구부러졌다는 뜻이다. 순한 사람이 남이 시키는 대로 하면 가지런하게 감기지만, 고집쟁이가 제멋대로 감으면 구부러지면서 독특한 모양이 된다는 것이다.

오스미 교수는 고교 시절부터 화학·생물학에 폭 빠진 사람이었다. 성적은 톱이지만 기초과학에 폭 빠진 괴짜였다. 화학 동아리 활동을 하면서 정체 모를 기체를 만들어 풍선을 날리고, 이상한 음료도 만들기도 했다. 효모에 관심을 갖게 된 건 미국 유학 중이던 1976년이었다. 이후 일본에 돌아와서도 계속 현미경 앞에서 살았다. 1988년 도쿄대 조교수로 일할 때, '오토파지(autophagy·자가포식)'가 제대로 이뤄지는 효모와 그렇지 않은 효모를 처음으로 직접 자기 눈으로 자세히 관찰했다. 이 순간이 노벨상으로 이어졌다.

오토파지는 세포가 자기 안에 쌓인 단백질 노폐물을 청소하는 기능이다. 이 과정에서 아미노산이라는 영양분이 만들어진다. 이 과정이 제대로 안 되면 몸에 노폐물이 쌓여 때로는 암이 되고, 치매와 파킨슨병을 일으킨다. 오스미 교수는 돌연변이 효모 3만8000종을 대조해 오토파지에 관여하는 유전자를 찾아냈다. 이 발견 덕분에 암·치매·파킨슨병 치료가 한걸음 전진했다.

---

27) 조선일보 - 국제 2016.10.05

이 부문은 그가 연구를 시작할 때만 해도 유망 분야가 아니었다. 그도 51세에 겨우 정교수가 됐다. 그래도 다른 길 기웃거리지 않고, 가던 길을 계속 갔다. 그는 젊은 시절 고향 친구와 술을 마시며 "연구자 열에 여덟이 단백질 합성을 연구하지만, 나는 단백질이 없어지는 걸 연구한다. 남이랑 똑같은 걸 해선 소용없다"고 했다고 한다. 아사히신문은 "오스미 교수는 아무도 관심 갖지 않는 '세포 속 쓰레기통'을 연구했다"면서 "'헤소마가리'의 개척심이 노벨상으로 이어졌다"고 했다.

10. 노벨상 수상의 비결 4 – 과거부터 이어져 온 개방적 태도

10. 노벨상 수상의 비결 4 - 과거부터 이어져 온 개방적 태도

[28]일본에 처음 노벨상을 안긴 인물은 유카와 히데키로 1949년 물리학상을 수상했다. 이후 과학상 분야에서 1965년 도모나가 신이치로, 1973년 에사키 레오나(이상 물리학상), 1981년 후쿠이 겐이치(화학상), 1987년 도네가와 스스무(생리의학상)가 수상을 이어갔고, 2000년대 들어서는 거의 해마다 수상자를 내고 있다.

일본 과학은 개국 시기의 국가 전략으로 출발했다. 대단한 것은 집중력이었다. 얼마 되지 않는 외화를 쏟아 부으며 목숨을 걸고 서양 선진 문물을 배우고자 했으며, 이와 같은 태도는 중국이나 조선 등 여타 동아시아 국가와는 완전히 대조적이었다.

이렇게 일본이 과감하게 동양적인 유산과 결별하고 서양을 빠르게 흡수할 수 있었던 이유는 산업을 일으켜 국력을 키우고자 하는 욕구가 컸고, 서양에 맞서 독립을 지키려는 군사적 목적이 절실했기 때문이다. 뿐만 아니라 중국과 조선의 왕조는 유교에 묶여있었지만, 일본의 지배층인 사무라이들은 전쟁을 유리하게 하는 합리적이고 과학적인 판단력을 갖추고 있었기 때문이다. 일본의 과학자들 또한 대부분이 사무라이 계급 출신들이었다.

일본은 1871년 이와쿠라 견구사절단을 시작으로 유학생들을 서양으로 파견해 세계적인 과학자들과 교류하며 학문적 네트워크를 만들어 왔다. 일본의 유학생들은 세계 최고의 대학과 연구소에 들어가서 볼츠만, 닐스 보어, 아인슈타인, 오펜하이머, 파인만, 하이젠베르크 등 석학들과 교류했고, 그 경험들을 가지고 일본으로 돌아왔다.

일본의 세균학자 기타사토 시바사부로가 1901년 제1회 노벨상의 가장 유력한 후보였다는 얘기 등 흥미로운 뒷얘기들도 많다. 1회 노벨상(생리의학상) 수상자는 베링으로 결정됐지만, 수상 이유가 된 디프테리아 연구에서는 기타사토가 우위에 있었다는 것이 저자의 주장이다.

---

28) 국민일보 2016.10.06. 참조

그림-68. 다이쇼 시대의 이화학연구소

호르몬의 첫 발견자인 다카미네 조키치 역시 노벨상을 받기에 충분한 업적이었다. 그는 일본인은 성공을 너무 서둘러 금방 응용 쪽을 개척해 결과를 얻고자 하는 성향이 있다고 생각하였고, 이로 인해 자칫 기초과학 기반이 흔들릴 수도 있을 것이라 생각하였다. 그는 이화학연구의 중요성과 필요성을 알고 있었기 때문에 현재 일본 노벨상 수상의 산실이 된 이화학연구소(RIKEN) 설립을 주도하는 업적을 남기게 되었다.

일본 과학은 국가 지도자들의 의지에서 출발해 150여년의 역사를 쌓아 노벨상에 도달한 것이다. 그러나 이 과정에서 일본 과학자들이 보여준 도전, 고뇌, 야심, 선택, 성취 등은 인상적인 것이었다. 그들은 서양의 무시 속에서, 전쟁의 광풍과 전후의 폐허 속에서, 또 원자력과 지진 참사 속에서 고뇌하고, 때론 저항하고 때론 협력하면서 세계 최고의 연구 성과를 일궈낸 것이다.

11. 노벨상의 그림자 – 노벨상 수상의 이면

11. 노벨상의 그림자 - 노벨상 수상의 이면

가. 경직된 일본 기업문화의 피해자 - 나카무라 슈지 교수[29]

"재패니즈 드림은 없다. 성공하려면 미국으로 오길 권한다" 노벨 물리학상 공동수상자인 나카무라 슈지 미국 샌타바버라 캘리포니아대학교(UC샌타 바버라) 재료물성학과 교수가 외신들과의 인터뷰에서 한 말이다.말 한마디 한마디에는 일본에 대한 엄청난 분노가 담겨있었다.

나카무라 교수는 수상자로 선정된 것을 알게 된 후 재직 중인 학교에서 가진 기자회견에서 "미국에서는 누구나 열심히 노력하면 '아메리칸 드림'을 이룰 수 있지만, 일본은 그렇지 않았다"며 일본의 기업 문화와 사회 전반에 걸친 경직성에 대해 비판했었다.

그림-70. 노벨 물리학상 공동 수상자인
나카무라 슈지 교수

나카무라 교수는 일본 니치아 화학에 근무 중이던 지난 1990년께 청색 LED 소자를 개발, 상용화까지 이끌었다. 이 개발로 인해 현재의 LED 조명이나 TV, 스마트폰 사용이 가능해졌다. 노벨물리학상도 이러한 공로를 인정받아 수상하게 된 것이다. 물론 회사는 이로 인해 천문학적인 수익을 얻었지만, 영광의 주역인 그에게는 고작 2만 엔(약 20만원)의 '특별 수당'이 전부였다. 특허는 이미 회사가 등록해 소유권을 빼앗겼다.

---

29) ZDNet Korea 2014.10.11. 기사 참조

결국 그는 1999년 회사를 떠난 이후 2001년에 회사를 상대로 기술에 대한 특허권을 주장하기 위해 도쿄지방법원에 소송을 제기했다. 1심에서는 특허권의 절반을 인정 받아 200억 엔(2천억 원) 보상 판결을 받아냈지만, 니치아 측이 상고하면서 결국 8억4천만엔(84억 원)을 받아내는데 그쳤다.

이후 그는 일본을 떠나 미국에 정착했고 미국 국적을 취득해 조국과 연을 끊었다. 그는 이어진 인터뷰에서 "일본의 경직된 기업문화로 인해 미국행을 선택했다"며 창업을 준비하는 젊은이들에 대한 조언 부탁에도 "성공하려면 미국으로 오라"고 일갈해 깊은 불만을 나타냈다.

나카무라 교수는 현재 국내 LED 조명용 패키지 제조사인 서울반도체와 자회사인 서울바이오시스의 기술고문을 맡아 연구 작업에서 협력하고 있다. 약 10년 전 서울반도체 공장(당시 서울 가산동 소재)을 방문한 그는 이후 자신이 재직 중인 학교에 서울반도체 연구인력을 초청해 연수시키는 등 교류활동을 이어오고 있다.

자신의 조국을 등지고 미국으로 떠나고, 경쟁국인 한국의 기업을 도우면서도 일본에 대해서는 쓴 소리를 아끼지 않는 나카무라 교수의 모습은 우리에게도 많은 점을 시사한다. 국내 한 업계 관계자는 "나카무라 교수의 사례가 유사한 문화를 가진 한국 사회에도 시사하는 점이 많다"며 "우리도 이렇게 인재를 놓치는 일이 없도록 풍토를 바꿔나가야 한다."고 말했다.

나. 일본 노벨상 프로젝트의 적신호 - 이공계 기피 현상과 기업의 실용주의 체제[30)

'17대1.' 이것은 역대 노벨상 수상자 수로 본 한·일 간 격차다. 한국이 김대중 전 대통령의 노벨 평화상(2000년) 하나에 그친 반면 일본은 사토 에이사쿠 전 총리가 노벨 평화상(1974년), 가와바타 야스나리(1968년)와 오에 겐자부로(1994년)가 노벨 문학상을 받았다. 과학 분야에서는 1949년에 유가와 히데키 박사가 노벨 물리학상을 수상한 것을 비롯해서 지금까지 물리학상 6명, 화학상 7명, 의학·생리학상 1명 등 모두 14명이다. 여기에 2008년도 물리학상을 수상한 난부 요이치로 박사(1975년 미국 귀화)를 더하면 한·일 간의 격차는 '18대1'로 벌어진다.

일본 정부는 이에 만족하지 않고 2050년까지 노벨 과학상 수상자 30명을 배출한다는 '과학기술 기본계획'을 이미 30년 전에 만들어놓았다. 일본 정부는 그 일환으로 기초과학 부문에 대한 연구비를 대폭 증액하고, 연구자들의 업적을 세상에 널리 알리기 위해 해외 홍보 활동을 강화 중이다.

그러나 일본 과학계에서는 "노벨상은 노린다고 해서 탈 수 있는 게 아니다"라는 식의 반발도 만만치 않다. 예컨대 2010년 노벨 화학상 수상자로 선정되었던 스즈키 아키라 홋카이도 대학 명예교수는 "처음부터 노벨상이나 상업적 이용을 노리고 연구를 시작한 것이 아니라 호기심에 끌려 연구를 하다 보니 우연히 유기화합물 합성 기술을 발견할 수 있었다"라며 자기 연구의 우연성을 누차 강조했다.

---

30) 시사iN 2010.10.25. 기사 참조

그림-71. 2010년 노벨
화학상 공동 수상자인
스즈키 아키라 훗카이도
대학 명예교수

일본 과학계는 또 "50년간 30명이라는 수치 목표는 과학의 세계에서는 통하지 않는 얘기다"라며 노벨 과학상을 대량 획득하겠다는 정부 정책에 매우 비판적이다. 그러면서 그들은 최대 걸림돌로 1990년대 이후 두드러지게 나타난 '이공계 이탈 현상'을 들고 있다. 현재 일본의 이공계 전공 대학생 수는 1990년대 후반보다 10%나 감소한 50만 명으로 추산된다. 일본의 젊은이들이 이공계를 기피하게 된 가장 큰 원인은 '서구화된 직업관'을 들 수 있다.

즉 젊은 세대들이 제조업 분야인 블루칼라로 취업하는 것을 꺼리고, 대신 금융업·서비스업과 같은 화이트칼라를 선호하는 것이다. 이에 따라 이공계 대학 진학률이 크게 떨어지고 기술 인력 부족 현상이 심각해지고 있다. 일본 총무성은 정보기술(IT)산업 분야에서 부족한 기술 인력을 50만 명 정도로 추산하고 있다.

'이공계 기피 현상'을 부채질하는 또 다른 이유는 "이공계는 대접받지 못한다."는 사회적 인식이다. 예컨대 도레이 경영연구소의 조사에 따르면 이공계 대학을 졸업하고 서른 살이 될 때까지는 연봉(평균 529만 엔)이 인문계 출신(452만 엔)보다 17%나 높은 것으로 나타났다.

그러나 서른한 살을 넘어서면 봉급 격차가 역전되어, 정년 무렵(예순 살)이 되면 10~31%나 적게 받는 것으로 나타났다. 생애 임금도 인문계 출신보다 무려 5000만 엔이나 적은 것으로 집계되었다.

일본 전문가들은 도요타 자동차의 잇단 리콜 사태도 이공계 기피 현상에 그 원인이 있다고 지적한다. 나아가 소니·도시바·NEC 등 일본의 전자 산업이 한국 기업에 추월당한 이유도 여기서 찾는다. 즉 이공계 기피 현상이 일본의 기술력 저하와 기업의 국제 경쟁력 하락을 부채질했다는 얘기다.

일본 정부는 이런 이공계 기피 현상에 브레이크를 걸기 위해 2005년부터 '이학·수학이 정말 좋아요'라는 프로젝트를 도입했다. 이공계 대학교수와 과학 연구기관의 연구원들이 초등학교나 중학교를 방문해서 과학 공부의 즐거움을 가르쳐주는 프로그램이다. 문부과학성은 또 고교생을 대상으로 한 '과학의 고시엔(甲子園: 매년 고교야구 대회가 열리는 오사카 야구장)'과 대학생을 대상으로 한 '사이언스 인카레' 제도를 내년부터 도입할 방침이다.

전자는 고등학교별로 팀을 만들어 각 지방에서 이학과 수학에 관한 필기시험과 실험 대회를 벌인 다음, 지방 예선을 통과한 팀만이 참가할 수 있는 '고시엔 대회' 즉 전국 대회에서 실력을 겨루게 하는 프로그램이다. 이공계 대학생들에게는 생물·물리·화학 분야의 자유 연구 논문을 제출하게 해 수상자를 뽑아 표창할 계획이다. 문부과학성은 이를 위해 각각 예산을 1억5000만 엔과 1억 엔 책정했다.

'시마즈 제작소'의 중앙연구소 주임 연구원으로 있던 43세 다나카 고이치 씨가 2002년도 노벨 화학상 수상자로 선정되자 일본 열도가 발칵 뒤집어진 적이 있다. 그는 박사도, 교수도 아닌 중소기업의 일개 평범한 회사원에 불과했기 때문이다. 그가 도호쿠 대학 공학부에 다닐 때 독일어 단위를 따지 못해 1년간 유급했다는 사실은 널리 알려진 얘기다. 또 NHK 연말 가요 프로그램의 심사원이 되어달라는 요청을 받고 "나는 박사도 아니고 연예인도 아니다"라며 거절했다는 일화도 유명하다.

그러나 다나카 씨와 같이 민간 연구소의 연구원이 노벨 과학상을 수상하는 일은 더 이상 없을 것이라고 일본 전문가들은 단언한다. 왜냐하면 대부분의 민간 연구소가 기초과학 분야의 연구보다는 당장 상품화할 수 있는 응용 기술 연구를 독려하기 때문이다.

12. 한국은 왜 노벨상을 받지 못할까? - 네이처(Nature)가 뽑은 5가지 이유

12. 한국은 왜 노벨상을 받지 못할까? - 네이처(Nature)가 뽑은 5가지 이유[31)

'[32)네이처'는 첫째, 한국이 과학 연구의 필요성을 가슴으로 깨달으려 하기 보다는 돈으로 승부를 보려 하는 것과 둘째, 국내총생산(GDP) 대비 연구개발(R&D) 투자 비중은 세계 1위지만 노벨상 수상자는 단 한 명도 나오지 않는 것을 문제점으로 꼽았다.

그림 73 GDP대비 R&D투자 규모

우선 한국은 R&D 투자 규모에 비해 논문 수가 절대적으로 부족하다. 일본 측 연구 자료를 봐도 중국 과학기술의 발전은 뚜렷하다. 일본 문부과학성 산하 과학기술·학술정책연구소(NISTEP)가 발표한 '과학기술지표 2022'를 보면 2018~2020년 3년간 연평균 자연과학분야 논문 수에서 중국이 미국을 제치고 1위를 차지했다. 전체 논문 수라는 양적 측면뿐만 아니라 피인용 상위 10%, 최상위 1%라는 질적 측면에서도 중국이 모두 앞섰다.[33)

---

31) 동아일보 2016.06.03. 참조
32) 세계에서 가장 오래되었으며 저명하고 권위 있는 과학 저널이다. 1869년 영국에서 창간되었다. - 위키백과 참조

이러한 우리나라는 R&D 투자 대부분이 삼성, LG, 현대 등을 중심으로 한 산업계에서 나온 점을 원인으로 짚었다. 산업계의 투자는 응용 분야에 국한돼 있어 특허 출원은 많아도 기초과학 발전에는 크게 도움이 되지 않는다.

정부의 투자도 기초과학보다는 반도체, 통신, 의료 등 응용 분야에 집중되어 있을 뿐만 아니라, 한국인의 조용하고 보수적인 문화도 걸림돌이다. 창의적인 아이디어가 나오려면 연구실에서 활발한 토론이 이뤄져야 하는데, 한국인 연구자들은 너무 조용하다.

시류에 흔들리는 한국의 과학기술 정책 또한 큰 문제점으로 생각하고 있었다. 지난 날 구글 딥마인드의 인공지능(AI) '알파고'와 이세돌 프로 9단의 바둑 대결 직후 대통령이 나서서 인공지능에 1조 원을 투자하겠다는 계획을 밝힌 점이 대표적인 사례이다. 이는 단일 사례만으로 '인공지능이 미래'라며 곧바로 이 분야 투자를 늘리는 '주먹구구식 대응'이며 "한국은 아직도 '패스트 팔로어' 마인드를 버리지 못했다"고 비판했다.

또한, 이런 한계 때문에 한국의 많은 연구 인력이 해외로 유출되고 있다. '2008~2011년 미국에서 박사학위를 취득한 한국인 과학자 중 70%가 한국에 돌아가지 않고 미국에 남겠다고 했다'는 미국 국립과학재단(NSF)의 자료를 통해 알 수 있으며, 투자 규모를 늘려도 연구 환경이 개선되지 않은 탓에 인재 유출 문제가 심각하다고 지적하였다.

하지만 정부의 R&D 투자 의지는 긍정적이며, 한국연구재단의 25개 기초과학 및 인문사회 학술지원 사업을 분석한 결과 기초과학 지원 예산은 2012년 9355억(84.3%)에서 2022년 2조 4666억(90.8%)으로 1조 5311억이 증가되었다.[34] 이는 기초과학 육성에 정부가 관심을 기울이고 있다는 것을 알 수 있는 부분이라 판단했다.

---

33) 머니투데이 '10년 전 美로 유학보냈던 中…지금 특허 논문 순위르 보니 [차이나는 중국]'
34) UNN '기초과학 지원예산 1조 5000억 증가할 때 인문사회는 595억 증가'

13. 한국은 왜 노벨상을 받지 못할까?

13. 한국은 왜 노벨상을 받지 못할까?

가. 한국의 노벨상 수상이 어려운 이유

우리나라 사람들이 노벨상을 받지 못하는 근본적인 이유는 교육 시스템에 있다. 노벨상이란 인간이 배운 지식을 사용하여 이전에 없던 큰 업적을 낸 사람에게 주어지는 상이라고 볼 수 있다.

새로운 것을 만들기 위해서는 창의력이 가장 중요한데, 문제는 우리나라 교육이 창의력이 없는 주입식이란 것이다. 대표적인 사례로 '수학의 정석'이란 책을 들 수 있는데, 과거 본고사 시절 나온 수학 책으로 다양한 문제 해결 방법을 무시하고 오로지 한 가지 문제 해결 방법만을 고집하며, 수학적 사고방식이나 안목을 기르는데 도움이 되지 않아 창의성을 기르는데 문제가 있는 책으로 볼 수 있다.

35)주입식 교육이란 중세 카톨릭 교회에서 초개인적인 교의를 개인차를 고려하지 않고 누구에게나 주입한 데서 유래되었는데, 교사 중심, 교과서 중심의 수입이 되어 아이들의 특기, 적성, 이해, 흥미 등은 고려하지 않고 교과서 위주의 지식만을 주입시키는 것을 말한다.

---

35) 다음 블로그 브레인 온 코리아 2014.09.17. '주입식 교육이란' - 참조

그림-75. 우리나라 주입식 교육의 본질

　한국의 이러한 교육방식은 유치원부터 시작된다. 구구단을 외우면서 암기식 교육이 머리에 박혀버리는 것이다.

　주입식 교육의 가장 큰 폐해는 '생각의 틀이 고정되어 버린다'는 것이다. 가치관과, 사고방식, 창의성이 형성되는 중요한 청소년 시기에 입시교육에 맞추어 생각 없이 무조건 외우고 답이 정해져 있는 정답을 찾아가야만 하는 것이다.

　이와 같은 교육방식에서 자라난 아이들은 질문을 하지 않으며 궁금해 하지도 않는다. 어떤 현상이나 문제에 관하여 자꾸만 질문하고 왜 그런가 생각을 해야 하는데 답이 정해져있으니 그것만이 정답이라고 생각하고 외워버린 뒤 더 이상 생각하지 않는 것이다.

　36)이는 성인이 되어서도 나타난다. 버락 오바마 대통령 재임기간에 열린 G20 회의의 폐막식에서 오바마 대통령은 한국 기자에게 질문권을 주려고 한 적이 있다.

---

36) 오 마이뉴스 2014. 02. 05 질문 포기한 한국 기자들...우리가 대신 묻겠다 - 참조

하지만 기자들 중 아무도 질문하지 않았고, 이를 본 중국 기자가 '한국은 질문하고 싶지 않아하는 것 같으니 중국 기자인 자신이 아시아를 대표하여 질문하여도 되겠느냐'라고 오바마 대통령에게 질문 요청을 한 적이 있다.

이는 동영상으로 전 세계에 생중계되었다. 부끄러운 일이 아닐 수 없다. 후에 한국 기자들은 '질문을 잘못하면 남들에게 내가 부족하다는 것을 드러내는 꼴이라서', '질문하면 다른 기자들이 틀렸다고 할 까봐'등과 같은 이유를 대며 변명을 하였다.

그림-76. EBS 다큐프라임 <왜 우리는 대학에 가는가> '5부 말문을 터라'의 한 장면

학교에서 남들과 다르면 무조건 틀렸다고 면박을 주는 우리나라의 교육 문화가 성인이 되어서까지 영향을 미치는 것이다. 안타까운 현실이 아닐 수 없다.

주입식 교육 외에 또 다른 이유도 존재한다. 즐기기 위한 학문이 아닌 돈 벌이를 위한 학문을 한다는 것이다. 대표적인 사례로 공대생들이 적성을 찾아 들어왔다가 의약분야로 빠지는 것을 들 수 있다. 공무원 경쟁률이 하늘을 찌르는 것도 안정적인 수입을 원하기 때문이다. 슬픈 현실이 아닐 수 없다. 인간의 최우선 욕구는 생존욕구인데 우리나라에서는 먹고사는 것 조자 너무 빡빡해 다른 것은 생각하기 힘들다는 것을 나타내 주는 것이라 생각한다.

나. 국내 과학계의 안타까운 현주소

노벨과학상은 어떤 새로운 발견이 먼 후대에 많은 분야에 영향을 미칠 가능성만 보여도 받을 수 있다. 하지만 한국의 현실은 돈이 되는 학문만 쫓고 있는 것이 현실이다.

과학 분야에서 노벨상을 타기 위해서는 기초과학에 대한 연구와 투자가 뒷받침되어야 하는데, 우리나라는 실용적인 가치, 가시적인 결과물을 중시하기 때문에 기초과학이 발전하기 굉장히 힘든 부분이 있다. 기업들의 투자는 오로지 제품을 팔기 위한 것에만 집중되어 있기 때문이다.

우리나라에는 뛰어난 인재들이 많이 있으나, 아직 기초과학의 한 분야에서만 몇 십 년씩 돈이 되지 않는 연구를 할 수 있는 일본이나 다른 선진국처럼 아직 여유롭지 않다.

지금의 대한민국은 6.25이후 맨땅에서 일어난 것이다. 일본처럼 땅덩어리가 크지도 않고 전쟁특수도 없었으며 자원도 없고 한반도는 반으로 쪼개져있었다. 가진 것이라고는 오로지 인적자원뿐이었다. 그럼에도 굉장히 많은 발전을 했고 중진국의 반열에 접어들었다.

하지만 제조업 기반으로 성장한 우리나라는 지금 뒤에서 추격해오는 중국과 먼저 앞서간 일본 사이에 끼어 한치 앞을 내다보기 힘든 현실에 처해있다. 경기악화로 인해 중소기업뿐 만 아니라 대기업까지 힘든 상황이다. 대한민국을 경제대국으로 끌어올린 철강산업, 조선업, 건설업 등등은 완전히 하락의 길로 접어들었다.

우리는 미국이나 일본 같은 선진국이 기초과학 때문에 부강한 나라가 된 것이 아니라, 돈이 많고 부강한 나라이기 때문에 당장의 실용성 없는 기초과학에 투자할 여력이 있었던 것은 아닌지 생각해 보아야 한다. 미국과 일본은 그 기반이 갖추어진 국가였기 때문이다.

국가별 노벨상 수상자 현황

순위	국가	수상자(명)
1	미국	403
2	영국	137
3	독일	113
4	프랑스	72
5	스웨덴	33
6	러시아(소련)	32
7	일본	29
8	캐나다	28
9	스위스	27
10	오스트리아	23

*자료: 영국 브리태니커(Britannica)
그래픽: 이지혜 디자인기자

위 표를 통해 대부분의 노벨상 과학 분야 수상국가가 미국과 유럽, 혹은 큰 영토를 가지고 있는 국가들인 것을 알 수 있다.

우리나라는 국내총생산(GDP)의 4.82%로 2위를 차지했다. 외신에도 한국의 높은 R&D 투자가 자주 언급될 정도로 우리나라는 R&D에 적극적인데, 삼성전자·LG전자 등 기업의 R&D 투자가 전체 R&D의 80%에 육박할 정도로 높다. 때문에 실용적인 R&D 투자에 자금이 집중될 수밖에 없다.

하지만 기초과학에 투자를 하지 않는다고 해서 기업을 비난할 수는 없는 것이다. 이런 기업들을 기반으로 하여 대한민국이 돌아가고 있는 것이고 기업들의 매출은 국내 실업률과 경제력과 직접적으로 연관되어 있다. 물건을 만들어 수출하여 먹고 살기 때문에 경쟁에 이기기 위하여 응용기술에 대한 R&D는 필수적일 수밖에 없다. 이와 같은 현실 때문에 기초과학에 대한 과학자들의 사명감과 열정은 떨어지고 단 기적인 실적위주의 연구에만 집중하게 되는 것이다.

이러한 현상은 이공계 기피로 이어지게 된다. 최근 3년간 서울대 이공계 학생과 카이스트 학업 포기자의 15%가 의.약대에 재입학했다. 아무런 지원 없이 기초과학 에 매진할 수는 없다. 단순히 사명감과 열정의 문제가 아니라 먹고사는 문제가 걸 려있기 때문이다. 이를 해결하기 위해서는 우리나라가 기존의 제조업기반 산업에서 다른 고 부가가치 산업으로 넘어가야 한다.

국가가 부유해지면 자연스럽게 기초과학에 대한 지원 또한 늘어날 수밖에 없으며, 먹고사는 문제가 해결된다면 일본이나 미국처럼 한 분야에 집중해서 도전하는 기초 과학 인재들이 늘어날 것이라고 생각한다.

다. 국내 과학계에서 노벨상 후보로 거론되는 사람들[37)]

그림-78. 김빛내리 서울대 석좌교수

– 김빛내리 서울대 석좌교수

현재 국내 기초과학 분야에서 권위 있는 연구자들이 선정한 국내 유력 후보로는 김빛내리 서울대 석좌교수(IBS 연구단장)를 꼽을 수 있다.

김빛내리 서울대 교수는 생리의학을 전공하였으며 마이크로 RNA(miRNA) 분야를 연구해 오고 있다. 김교수는 기초과학분야 핵심 연구자 144명을 대상으로 실시한 온라인·서면 설문조사를 통해 가장 많은 추천을 받았다. 그 뒤로는 화학 분야 유룡 KAIST 교수(IBS 연구단장)이 두 번째였으며, 김필립 미국 하버드대 교수(물리), 임지순 포스텍 석학교수(물리), 현택환 서울대 교수(IBS 연구단장)(화학) 등이 그 뒤를 이었다.

---

37) 2012. 10. 15 다음 블로그 '안산김씨' 참조

그림-79. 김필립 교수

소속	컬럼비아대학교 (교수)
학력	~ 1999 하버드대학교 대학원 물리학 박사 ~ 1992 서울대학교 대학원 물리학 석사 1986 ~ 서울대학교 물리학 학사
수상	2011년 제6회 자랑스러운 한국인상 2008년 제18회 호암상 과학상
경력	2007 미국 물리학회 응집물질물리 분과 석학회원 2001~ 미국 컬럼비아대학교 교수

표-8. 김필립 교수 약력

- 김필립 하버드 물리학과 교수

학계에 따르면 김 교수는 다음 학기부터 하버드대에서 강의를 하며 이에 앞서 연구실도 하버드대로 옮긴 것으로 알려졌다. 그는 모교인 하버드에서 새로운 도전에 나선다는 점과 가족 의견 등을 반영해 이직을 결심한 것으로 알려졌다. 1990년 서울대 물리학과를 졸업한 김 교수는 하버드대 물리학과에서 1999년 박사학위를 받았다.

이미 김 교수는 하버드대에 `김 연구실(Kims Lab)`을 차리고 석사·박사과정 학생 15명과 함께 그래핀과 같은 2차원 물질과 양자이동 등의 연구를 시작했다.

김 교수는 탄소원자 한 개 층으로 이루어진 물질인 그래핀을 만들기 위한 연구를 끊임없이 해왔다. 그는 수백 개 그래핀이 겹쳐 있는 물질을 10개까지 분리해 내는 데 성공하면서 그래핀 발견을 거의 앞두고 있었다. 하지만 2004년 영국 맨체스터대 물리학과 안드레 가임 교수가 흑연을 스카치테이프에 붙였다 떼어 내는 방법으로 그래핀을 발견하면서 `첫 발견`의 영예를 내려놓아야만 했다.

이후 김 교수는 2010년 그래핀 연구에 노벨상 물리학상이 주어졌을 때 아깝게 공동 수상자로 선정되지 못했다는 평을 받고 있다.

이밖에도 콜롬비아 대학 재임 시절 김필립 교수가 이끄는 연구팀이 '호프스태터의 나비'로 불리는 물리학의 유명한 이론적 예측을 실험으로 확인하는 데 성공했다.

인지과학과 인공지능 분야에서 세계 최고의 대가로 꼽히는 더글러스 호프스태터 미국 인디애나대 석학교수가 1975년 오리건대에서 물리학으로 박사학위를 받을 당시 했던 연구로, 저명한 물리학 학술지 '피지컬 리뷰 B'에 1976년 발표됐다.

호프스태터의 나비는 '프랙털'이라는 수학적 구조를 가지고 있어 유명하다. 전체 중 일부를 골라 들여다보면 그 일부의 구조가 전체와 유사하고, 그 중 일부를 또 골라 들여다봐도 또 다시 유사한 구조가 발견되는 일이 반복된다는 것이다.

그간 호프스태터의 나비를 실험으로 구현하려는 시도는 여러 차례 있었으나 가능성을 시사하는 데 그쳤고, 이를 명쾌히 입증한 것은 김 교수팀이 처음이었다.

14. 결론

14. 결론

앞서 일본에서 노벨상을 받을 수 있었던 이유와, 우리나라에서 노벨상이 잘 나올 수 없었던 이유를 살펴보았다. 이웃나라 일본의 경우에서 보이듯 과학을 위한 순수한 열정뿐만 아니라 사회·구조적인 도움 없이는 노벨상을 수상하기는 어려울 것이다.

더불어 폐쇄적인 문화와 지나치게 성과만을 요구하는 성과주의식 연구개발은 분명히 한계가 있음을 알 수 있었다. 고인물은 썩기 마련이듯 이러한 문제점을 개선하고자 하지 않는다면 요즘 같은 변화의 시대에 살아남기 어렵다.

우리는 이렇듯 노벨상을 받는 문제에 대해서 고민해왔지만 사실 중요한 것은 단순히 노벨상을 받는 것이 아니다. 이는 한 국가의 비전을 대변하기도 한다. 따라서 전 인류에 기여하는 수준 높은 가치를 지닌 발명은 보다 높은 수준의 미래를 바라볼 수 있게 도와주는 그 나라의 수준을 보여주는 지표이기도 한 것이다.

이제는 변화해야 할 시기이다. 지금 당장만 보는 것이 아닌 더 멀리 있는 미래를 보고 새로운 비전을 쫓고자 노력하는 학자들이 많이 있다. 그리고 노벨상은 이러한 우리의 노력을 증명해줄 중요한 단서가 될 것이다.

15. 참고문헌

15. 참고문헌

1) 노벨상 − 위키백과

2) 한국연구재단(2019)「노벨과학상 종합분석 보고서」

3) 우남위키 노벨상

4) 한겨레 '노벨 물리학상 수상 일본 출신 마나베 '호기심 채우는 연구 했을 뿐'

5) 머니투데이 '[더차트] 역대 노벨상 수상자, 美압도적 1위...日도 상위권'

6) 한겨레 2016.10.03. 참조

7) 국제통화기금(IMF, http://www.imf.org) 자료 참조

8) GDP(Gross Domestic Product) 국내총생산을 말한다. 즉, 한 나라의 영역 내에서 가계, 기업, 정부 등 모든 경제 주체가 일정기간 동안 생산활동에 참여하여 창출한 부가가치 또는 최종 생산물을 시장가격으로 평가한 합계이다.

9) HelloDD '연구개발 투자 89조원 세계 5위... GDP 대비 2위'

10) 위키백과 '노벨 문학상 수상자 목록'

11) 산업통상자원부(2022)「글로벌 산업기술·시장동향-글로벌 연구·개발 투자 현황 (미국R&D 중심)」

12) 2015.10.08. 한국경제 참조

13) NRF한국연구재단 '노벨과학상 종합분석 보고서'

14) 한국기초과학지원연구원 참조

15) https://zigzagworld.tistory.com/311

16) 전자신문 '[기고] 기초과학연구원과 노벨상'

17) 동아사이언스 '[노벨상 2022] 美과학자 샤플리스, 2001년 이어 21년만에 노벨화학상 또 수상'

18) 사이클로트론(cyclotron)은 고주파의 전극과 자기장을 사용하여 입자를 나선 모양으로 가속시키는 입자 가속기의 일종으로, 물리학 연구뿐만 아니라 방사선 치료 등에도 쓰인다. − 위키백과

19) 위키백과 참조

20) 2001. 10. 11. 오마이뉴스 참조

21) 위키백과 '슈쿠로 마나베'

22) 중성미자 진동이란 중성미자가 도중에 다른 종류의 중성미자로 변화하는 현상으로, 중성미자에 질량이 있다는 것을 증명한 것이다.

23) 2016.10.04. 한겨레 참조

24) 2016.10.12. 한경 참조

25) 2009.08.08. MK뉴스 참조

26) 시마즈 홈페이지

27) 조선일보 − 국제 2016.10.05

28) 국민일보 2016.10.06. 참조

29) ZDNet Korea 2014.10.11. 기사 참조

30) 시사iN 2010.10.25. 기사 참조

31) 동아일보 2016.06.03. 참조

32) 세계에서 가장 오래되었으며 저명하고 권위 있는 과학 저널이다. 1869년 영국에서 창간되

었다. - 위키백과 참조

33) 머니투데이 '10년 전 美로 유학보냈던 中...지금 특허 논문 순위르 보니 [차이나는 중국]'

34) UNN '기초과학 지원예산 1조 5000억 증가할 때 인문사회는 595억 증가'

35) 다음 블로그 브레인 온 코리아 2014.09.17. '주입식 교육이란' - 참조

36) 오 마이뉴스 2014. 02. 05 질문 포기한 한국 기자들...우리가 대신 묻겠다 - 참조

37) 2012. 10. 15 다음 블로그 '안산김씨' 참조

초판 1쇄 인쇄 2017년 6월 7일

초판 1쇄 발행 2017년 6월 12일

개정판 발행 2022년 12월 12일

편저 ㈜비피기술거래

펴낸곳 비티타임즈

발행자번호 959406

주소 전북 전주시 서신동 832번지 4층

대표전화 063 277 3557

팩스 063 277 3558

이메일 bpj3558@naver.com

ISBN 979-11-6345-397-0(03500)

가격 32,000원

이 도서의 국립중앙도서관 출판예정도서목록(CIP)은 서지정보유통지원시스템 홈페이지
(http://seoji.nl.go.kr)와국가자료공동목록시스템(http://www.nl.go.kr/kolisnet)에서 이용하실 수 있습
니다.